건축도시환경과 인간행태

타카하시 타카시 나가사와 야스시 스즈키 타케시 편
박 영 기 감수 이 정 남 역

技文堂
www.kimoondang.com

高橋鷹志, 長沢泰, 鈴木毅 編 『環境と行動』 朝倉書店, 2008.

서 문

[환경]이라는 용어와 개념

건축분야에서 환경이라는 용어가 일반화된 것은 극히 최근의 일이다. 건축설계 계획원론으로써 열·공기·음 및 급배수·냉난방·전기 등의 건축설비 분야가 일본 건축학회에 있어서 환경공학으로 개칭된 1964년을 시발점으로 하고 있다.

본래 환경이라는 단어는 생물·생리 및 심리학·사회학에서 발생한 용어로, 인간을 포함한 생물 전반에 대한 외부로부터의 적극적인 작용과 이 현상의 총체를 의미하는 것이었다. 영어의 Environment는 고대 프랑스어의 environner, 즉 '원의 중심에 넣는다'라는 의미를 기원으로 하고 있다.

건축에서는 인간을 둘러싸고 있는 물리적인 상황을 의미하는 경우가 많지만, 개개의 사람들도 하나의 환경이라는 점에서부터 현재는 ① 물리적 환경, ② 대인적 환경, ③ 사회·문화적 환경의 3가지로 구분되고 있다. 물리적 환경은 자연환경을 시작으로 건축이나 그 외의 모든 인공구조물들을 의미하고, 대인적 환경은 가족을 기점으로 하는 이웃·지역·국가 등의 총체적 인간환경을 의미한다. 그리고 어느 지역·시대에 있어서 사회적 규범과 문화적 풍토 등을 포함한 개념으로써 사회·문화적 환경이 존재한다.

여기에서 각각의 건축물이나 거리로부터 인간들이 받는 영향은 물리적 환경뿐만 아니라 대인적 환경에 의해서도 큰 영향을 받는다. 예를 들면 타인과의 상호작용에 의해 동일한 장소의 성격이 전혀 다르게 변해버리는 경우를 들 수 있다. 그리고 사회·문화적 환경에 있어서는 환경과 행동에 관여하는 중요한 축으로써 공公과 사私의 양극이 존재한다. 물리적 환경에 관해서는 공도公道·사도私道, 공원·주택의 정원, 공공시설·개인주택을 들 수 있고, 행동에 관해서는 공적업무·사적활동, 대인관계·개별행동 등의 공사公私 행동구분을 들 수 있다.

지금까지의 건축계획이나 건축인간공학에 관련된 연구들은 인간의 생리적·기능적 분석을 토대로 한 물리적 환경(공간)의 결정이론에만 전념해왔다. 물론 이러한 인간의 기능적 측면과 편리성·실용성의 추구는 물리적 환경의 기능으로서

빼놓을 수 없는 조건이다. 그러나 그것만으로는 풍요로운 생활의 질을 확보할 수 없다는 의식이 표면화되어 왔다. 이러한 경향은 대학에 있어서 건축계획 분야의 커리큘럼에도 영향을 미쳤고, 강의명칭이나 연구내용에도 변화를 주었다. 본서에 수록된 논고들은 그 선구적인 역할을 주도한 연구들로 구성되어 있다.

[행동]이라는 용어와 개념

본 항에서는 이미 행동이라는 용어를 사용했지만, 다시 한번 이 단어의 의미를 고찰해 보고자 한다. 건축계획에서 인간의 자세 · 동작 · 행위 · 생활 등은 빈번히 활용되어 왔지만, 행동 자체에 초점을 맞추는 경우는 거의 없었다. 행동이란 생리학 · 심리학 및 동식물학 분야에서 자주 사용되어 온 용어로, 인간을 포함한 모든 생물이 환경이 일으키는 자극에 대해서 반응하는 제활동(생리적 · 심리적인 / 의식적 · 무의식적인)을 의미한다.

심리학에서 행동의 개념에 새로운 활력을 불어넣은 것은 R. Baker에 의한 '생태학적 심리학'의 제창이었다. 이것은 환경에 대한 생활체(생물이나 인간)의 생리적 반응뿐만 아니라 일상생활에서 나타나는 생태 生態를 분석함으로써 행동장면 behavior settings 이라는 개념을 탄생시켰다. 즉 일상생활에 있어서 사람들의 행동과 공간 사이에 안정된 관계가 있다는 것을 밝혀낸 것이다. 이것을 설명하는 3가지 요소로 ① 정형적 행동, ② 물리적 환경요소, ③ 양자의 시간적 중첩에 의한 안정된 관계형성이 있다. 어느 공원의 벤치에, 매일 일정한 시간, 앉아서 휴식을 취하고 있는 노인의 모습을 상상해 보면 그 행동장면을 성립시키고 있는 3가지 요소의 존재를 쉽게 확인할 수 있을 것이다.

이렇게 생태학적 심리학에서 탄생한 행동장면의 개념은 건축계획에도 큰 영향을 미쳤고, 건물이나 시설의 이용실태를 분석하는 개념으로써도 매우 유효했다. 이때부터 행동이라는 용어가 건축관련 전문가들 사이에서 빈번히 사용되기 시작한 것이다.

[환경-행동 연구] (Environment-Behavior Research : EBR)

생태학적 심리학의 탄생은 앞서 진술한 것처럼 심리학 자체뿐만 아니라 건축계획 연구에도 큰 영향을 미쳤다. 또한 이것은 학제적 변동을 불러왔는데, 생태학적 심리학을 중심으로 하는 연구자와 건축·도시디자인 연구자와의 학제적 연구조직이 형성되기 시작한 것이다. 미국의 EDRA(Environment Design Research Association 1969), 유럽의 IAPS (International Association for the Study of People and their Physical Surroundings 1970), 일본의 MERA (Man-Environment Research Association 1982), 중국의 EBRA(Environment-Behavior Research Association 1993) 등 세계적인 흐름으로 확장되었다.

일본 MERA의 학회지인 MERA Journal 은 1992년 11월 제1호를 시작으로 2007년 5월에 제20호가 발간되었다. 학회는 창립 25주년을 맞이했지만, 지난 2004년 5월 MERA Journal 20년사(특별호)가 편찬되었다.

MERA는 발족 당시 건축·도시 등의 공학계 연구자와 심리·사회 등의 인문계 연구자가 거의 대응한 비율로 구성되어 있었지만, 사반세기가 경과한 현재 심리학계의 회원(특히 젊은 연구자)이 적은 점이 매우 안타깝다. 이쯤에서 다시 학제적 연구조직의 의미를 재고하고, 회원의 전문영역 폭을 넓혀가야 할 것으로 사료된다.

전서인 '환경과 공간'의 머리말에서 언급했듯이 '환경-행동 연구'의 중심이론인 '상호침투론 transactionalism'에 관해서는 그 후 어떠한 진전이 있었을까? 이것은 본서의 키워드 중 하나인 체재방식 居方과 관련연구들을 통해 알 수 있듯이 행동장면의 장기적·지속적 관찰기록 연구(단순히 환경과 행동의 순간적 관계를 채집하는 것이 아닌)가 매우 활발하게 진행되어 왔다. 즉 환경-행동의 상호침투론적 상황이 이미 제 분야에 널리 확대되어 있는 것이 아닐까 생각된다. 덧붙여 환경-행동 연구에 있어서 거주후평가 POE와 1975년 이를 제안하고, 자신의 건축진단소 Building Diagnostics Inc를 설립한 J. Zeisel의 연구들을 기대해 본다.

[끝머리에]

'인간과 건축' 시리즈 1 '환경과 공간'이 세상에 나온 지 벌써 10년이 지났다. 다행인 것은 그 책을 통해서 많은 독자와 만날 수 있었고, 다양한 의견과 비평을 수렴할 수 있었다는 점이다. 이에 대해서는 편저자 모두 기쁘게 생각하고 있다. 이후 제반사정으로 본서의 간행이 늦어진 점에 대해서는 사과드리고 싶다. 앞으로도 전권을 포함한 독자 여러분들의 많은 비평 · 비판을 부탁드리는 바이다.

타카하시 타카시

역자 서문

우리는 이 장면을 어떻게 기술記述할 수 있을까?

본서의 중심 키워드 중 하나인 행동장면 behavior settings의 개념을 잘 전달할 수 있도록 잠시 필자의 말을 빌리도록 하자. "특별한 사람이 있는 것은 아니다. 특별한 행동을 하고 있는 것도 아니다. 다만 사람이 앉아서 책을 읽고 있을 뿐이지만, 다른 공간과는 어딘가 분위기가 다르다. 잘 설명할 수는 없지만, 어딘가 도시적이고 매력적이다. '한 남자가 앉아 있었다' 라고 평면도에 맵핑하는 것으로는 절대로 이 정경의 매력을 표현할 수 없다. 인간행태를 다루는 전문가임에도 불구하고 이러한 일상적 장면의 질을 적절하게 표현할 수 있는 단어나 개념을 가지고 있지 않다는 사실에 놀랐다. 이를 계기로 환경의 질을 파악하기 위해서는 행동이나 행위내용이 아닌 사람이 단지 그곳에 머무르고 있는 모습 그 자체에 주목할 필요가 있다는 것을 인식하게 되었다"

이와 같이 본서는 보다 풍요롭고 인간적인 환경창출을 목표로 '인간행태'라는 휴먼팩터 human factor에 주목하고 있다. 또한 환경–행동의 상호침투적 transactional 관계를 논의함에 있어서 기존 연구방법론들에 대한 구체적인 문제 지적과 실제 개별 건축물(주택 · 학교 · 병원 · 노인홈 등), 거리, 도시 등을 대상으로 한 실천적인 연구로 새로운 접근방법 모색을 위한 다양한 힌트를 제공하고 있다.

본서에 실린 일련의 연구들은 앞서 설명한 행동장면의 예와 같이 환경과 인간행태에 관한 새로운 시각을 열어주고, 수많은 후속 연구들을 파생시킨 선구적인 연구결과들을 집약한 것이다. 이는 심리학을 과학의 형태로 갖추게 한 40여 개의 선구적인 연구들이 지금도 심리학이나 인접 학문의 교재로 꾸준히 활용되고 있다는 점에 비춰보면 매우 중요한 의미를 가진다 하겠다. 아직은 이 분야의 연구가 다른 계획분야의 연구들에 비해 상대적으로 더딘 감은 없지 않지만, 미력하나마 본서가 관련분야의 연구발전에 조금이나마 보탬이 되었으면 하는 바람이다.

덧붙여 본서에서 자주 언급되는 장場의 개념은 문맥에 따라 장소, 공간 때로는 '장' 자체로 번역 표기하였다. 이것은 물리적 · 대인적 그리고 시간적 상황이 복합적으로 상호작용하는 '대화의 장'을 연상해보면 문맥을 이해하는데 다소 도움이 되리라 생각된다. 또한 일본의 관련연구분야에서 자주 사용되는 居方는 주거에 있어서는 거주방식, 도시공간에서는 체재방식 등으로 번역하였고, 공간이나 시설의 使われ方도 사용방식 또는 이용실태 등으로 번역 표기하였다. 이 또한 환경-행동의 상호침투적 transactional 상황과 같은 맥락에서 생각해주길 부탁드린다. 본서를 번역하면서 필자의 의도에 충실하는 것과 독자의 이해를 충분히 고려하는 것 사이에서 많은 시간을 고민했지만, 역시 미숙한 점이 많이 있을 것이다. 부족한 부분은 독자 여러분들의 지적과 조언을 통해 지속적으로 보완해 나가도록 하겠다.

끝으로 좋은 책의 발간을 위해 끊임없이 노력하시는 기문당의 강해작 사장님과 늦은 원고와 잦은 변경에도 마음 편히 임할 수 있도록 배려해주신 편집부 여러분에게 감사의 말씀을 드린다. 또 번역작업에 있어서 큰 힘이 되어준 니시데 연구실의 이승은 양, 전체적인 일본어 자문을 맡아준 동경성덕대학의 미즈타니 사야카 水谷清佳 선생님, 그리고 바쁜 시간을 할애해 가며 세세한 교정을 봐준 연세대학교 건축계획 및 평가 연구실 식구들에게도 감사의 마음을 전한다. 그리고 무엇보다도 본인에게 있어 삶의 큰 지표가 되어 주시는 은사 박영기 교수님과 사랑하는 가족, 친구들에게 진심으로 감사드린다.

2009년 3월

이정남

차 례

04

01

인간행태로부터 환경을 파악하는 관점

1

인간행태에 주목하는 것은 인간적인 환경계획으로 이어지는가?

'풍요로운 생활의 가치를 가늠하는 몇 개의 시금석試金石 - 학교, 공원, 아담한 주택 등과 같은 인공구조물 - 이 좋은 근린주구를 만든다고 생각하는 경향이 있다. 만약 이것이 사실이라면 인간의 생활이란 이 얼마나 단순한 것인가!'

(J. Jacobs)[1)]

본서는 건축 · 도시환경의 다양한 장면場面에서 발생하는 여러 가지 인간행태의 양상을 다루고 있다. 본 장에서는 이에 앞서 이 분야에서 '인간행태'를 어떠한 개념구조로 파악해야 하는가에 대해 기존 방법론들의 문제점에 입각해서 살펴보고, 그에 따른 새로운 방향성을 모색하고자 한다.

건축계획 분야에 있어서 '거주방식'에 관한 연구, '시설의 이용실태'에 관한 연구와 같이 거주자나 이용자의 생활행태 및 이용행태에 주목해서 환경을 분석하는 것은 매우 보편화된 방법이다. 또한 이것은 이미 전반적인 도시환경을 대상으로 그 속에서 발생하는 다양한 생활행위와 환경과의 관계를 규명하고, 그 타당성을 검토하여 건축적 대안을 제시하는 하나의 연구방법론으로 확립되었다. 또한 건축인간공학(피난행동 등)이나 건축환경심리 등 보다 직접적으로 인간의 행태나 심리에 초점을 맞춘 연구들도 활발하게 진행되고 있다.

이것은 기능적이기는 하지만 때로는 비인간적으로 느껴지는 현대건축을 보다 인간적인 환경으로 만들기 위한 일련의 노력이며, 인간에 관한 팩터 가운데 가장 중요한 요소로 인식되고 있는 '인간행태'에 관한 연구의 기대 결과이다.

이처럼 인간행태는 건축분야에 있어서 상당히 축적된 연구영역이지만, 현재 이러한 인간행태를 파악하는 관점과 방법론은 큰 전환점을 맞이하고 있는 듯하다. 그 이해하기 쉬운 증거로 치밀한 인간행태 분석연구를 토대로 계획된 건물 · 공간 · 거리들이 반드시 인간적이지는 않다는 것이다. 예를 들어 이용자의 심리를 고려하고, 보다 쾌적한 환경을 추구하고자 한 상업 건물이 어던가 어색하고, 낯설고, 불편하게 느껴지는 경우가 종종 있다.

이러한 상황이 발생하는 가장 큰 원인은 인간과 인간행태의 파악방법에 있다. 즉 휴먼 팩터 human factor를 다뤘다고 해서 인간적인 환경형성이 보장되는 것은 아니다. 이것은 인간의 생활과 행동, 여러 가지 휴먼 팩터를 어떠한 모델로 파악하는가의 문제인 것이다.

실제로 인간의 심리나 행태를 다룬 연구 중에는 '인간이 정말 그 정도로 단순하게 파악되는 존재인가?'라는 의구심을 갖게 하는 연구도 적지 않다. J. Lang[2)]은 행동과학이 한정된 모델로 인간을 파악해 온 것을 비판해 왔는데, 건축분야에서도 역시 인간을 물리적 자극에 기계적으로 반응하는 존재로 간주하는 '자극-반응'의 모델이 자주 적용되곤 했다.

물론 건물이나 환경을 계획할 때 어떤 면에서는 인간을 정형적인 행동특성을 가진 시스템 · 기계로서 파악하는 경우가 필요하기도 하고, 또한 그것이 효과적일 때도 있다. 그러나 일상생활 속의 인간은 분명 그러한 존재가 아니다. 여기에서 바로 인간적인 건축을 지향하고 있는 관련분야의 연구자들이 거주자보다도, 다른 분야의 사람(예를 들면 설계자)보다도 인간을 가장 '기계적'인 존재로 간주해 버리는 패러독스가 일어나고 있는 것이다. 이것은 물리적인 환경 디자인을 통해서 생활이나 행동을 보다 좋은 방향으로 이끌고자 하는 분야의 특성상 환경결정론이나 건축결정론적인 사고로부터 완전히 벗어날 수 없다는 사실에 기인하는 듯하다.

요컨대 분명한 것은 이렇게 인간의 행동특성을 면밀히 분석하고 규명해 나가고 있음에도 불구하고, 인간적인 환경구축으로 이어지지 않는 장면이 자주 발생한다는 것이다. 이러한 본말전도 本末顚倒가 현재 이 분야에 있어서의 가장 큰 문제점이라고 말할 수 있다.

다음에서는 필자들이 이러한 상황과 문제를 인식하고, 새로운 방법론을 모색하는 계기가 된 3가지 연구에 대해서 구체적으로 설명하고자 한다.

a. 특정지역의 포괄적 연구
b. 행동장면 行動場面과 체재방식 居方에 관한 연구
c. 관련영역의 새로운 연구 및 이론

2 인간행태를 파악하는 새로운 관점

– 계기 · 터닝 포인트

특정지역의 포괄적 연구

1990년을 전후로 해서 동경대학 건축학과 타카하시 타카시 高橋鷹志 연구실에서는 '특정지역의 포괄적 연구'를 진행하였다. 이것은 종래의 건축계획 · 환경심리학의 조사연구가 집합주택에 관한 연구는 A시의 ○○단지, 지역시설에 관한 연구는 B지역, 도시의 인지 · 지각에 관한 연구는 C지역의 가로공간 등과 같이 각각의 개별 테마에 최적인 시설이나 지역을 조사대상으로 해왔기 때문에 어느 지역의 환경을 종합적으로 파악하는 데에는 한계가 있다는 타카하시 교수의 문제의식에서 출발하였다. 따라서 이 연구에서는 특정한 지역을 대상으로 각 연구원들이 다양한 측면에서 조사 · 연구를 실시하고, 그 결과들을 종합하여 전체적인 지역환경의 구조를 규명하고자 하였다.[3)]

구체적으로는 동경의 분쿄구 文京区를 대상지역으로 선정하여 [1] 주거 · 시설 · 가로 등의 공간을 대상으로 한 연구, [2] 아이 · 고령자와 같이 특정 속성을 가진 거주자의 생활에 초점을 맞춘 연구, [3] 지역공간에 있어서의 환경심리학적 인지구조 연구, [4] 마을만들기 まちづくり 조사연구를 실시하였다.

이러한 연구들–특히 아이들과 고령자의 생활행동에 초점을 맞춰서 동경 분쿄구의 시가지와 다른 구의 계획단지를 비교–을 통해 지역환경에 관한 다음과 같은 특성들을 도출할 수 있었다.

① 거주자들은 지역에 존재하는 다양한 구성요소(시설, 상점, 가로 등)들에 특별한 의미를 부여함으로써 각각 자기 나름대로의 지역환경을 구축하고 있다.

② 같은 용도로 간주되는 시설이라도 거주자의 관점에서 보면 전혀 다른 용도로 인식되는 경우가 있다.(예 : 대중목욕탕 및 고령자시설의 입욕 서비스)

③ 시설이나 상점 등 장소의 선택과 이용에 있어서는 단순한 기능뿐만 아니라 그 장소가 가진 넓은 의미의 '사회적 관계'가 키워드가 되는 경우가 많다.

④ 기성 시가지인 네즈根津와 비교하면 계획된 집합주택단지는 공공시설적으로는 충실하고 있지만, '생활을 조직하기 위한 자원'이라는 측면에서는 반드시 풍요롭다고는 말할 수 없다.(4.2절, 4.4절 참조)

이상의 결과는 실제적인 지역환경의 질적 수준과 밀접한 관련이 있고, 지역을 계획하는데 있어서 매우 중요한 문제이다. 이것은 1960년대에 J. Jacobs가 지적한 계획된 거리에 대한 비판과 중복되는 내용인데, 지금까지의 지역시설 이용 조사나 좁은 의미의 환경심리학 연구에서는 그다지 다뤄지지 않았던 부분이기도 하다. 이러한 '개개인이 지역에 만들어 내고 있는 생활환경과 그것을 지원하는 환경, 그리고 이에 대한 종합적인 규명'이라는 관점이 큰 전환점이 되었다(그림 1.1~1.3).

그림 1.1 네즈根津의 풍경

상점은 물건만을 파는 시설이 아니라 가벼운 대화나 정보교환이 가능한 사회적인 장소이기도 하다. 거주자는 이러한 상점이나 좁은 골목길을 익숙하게 이용하고 있고, 자기 나름대로의 생활을 조직하고 있다.

그림 1.2 네즈신사 根津神社

뉴타운이나 단지 등 계획된 지역에는 신사가 없다. 네즈는 신주 神主, 지주 地主, 가주 家主, 점주 店主 등 많은 주 主들이 있는 마을이기도 하다.

행동장면 行動場面과 체재방식 居方에 관한 연구

1) 행동장면과 행태관찰

필자들은 이미 '주거에 있어서의 행동장면에 관한 연구 - 인간의 체재방식으로부터 주거공간을 파악한다[4]'에서 방과 행위의 기호적 대응이 아닌 구체적으로 어떠한 공간에서 어떠한 자세 · 방향으로 인간이 체재하고 있는가를 분석하여 주거공간의 질을 파악해 보았다.

이와 같이 행동장면에 주목하는 경우 - 길을 걷고 있을 때나 어느 건물을 방문했을 때 사람이 체재하고 있는 모습이 순간 매력적 · 인상적으로 번뜩 다가오는 것 - 가 있다. 이러한 장면 자체를 어떻게든 기술하려고 했던 것도 큰 전환점이 되었다. 그 중에서도 Atelier-ZO 象設計集団에 의해 계획된 카사하라 笠原 초등학교에서는 매우 다양하고 흥미로운 행동장면이 관찰되었고, 이는 큰 자극이 되었다(그림 1.4, 1.5).

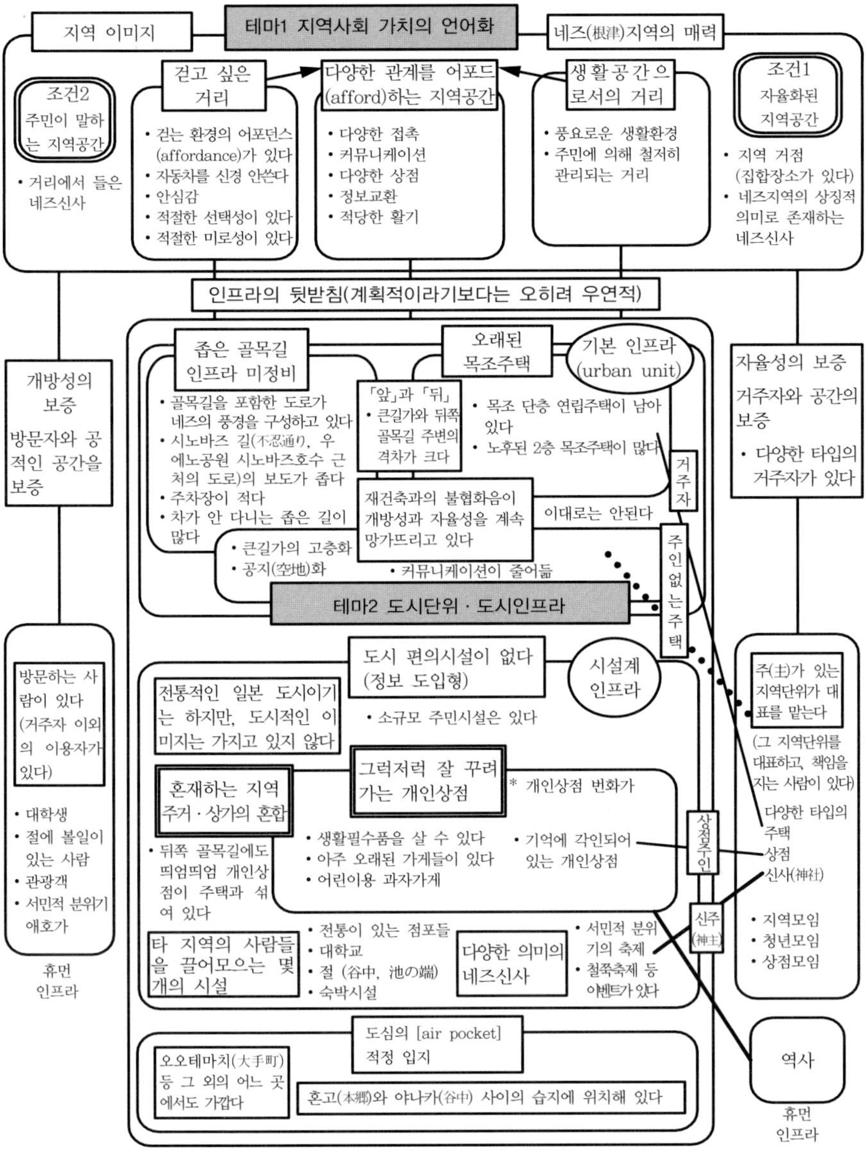

그림 1.3 네즈 根津 지역공간의 질과 인프라 및 문제점[3)]

각 연구원들이 기록한 네즈 지역공간에 대한 메모들을 KJ법으로 정리한 것.

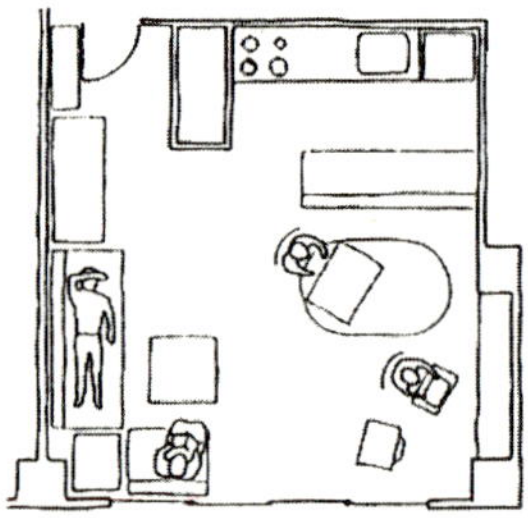

여동생은 테이블 위에서 작업. 아버지는 간이테이블을 펴놓고 워드작업. 어머니는 책을 읽고 계시고, 관찰자 자신은 잠을 자는 장면.

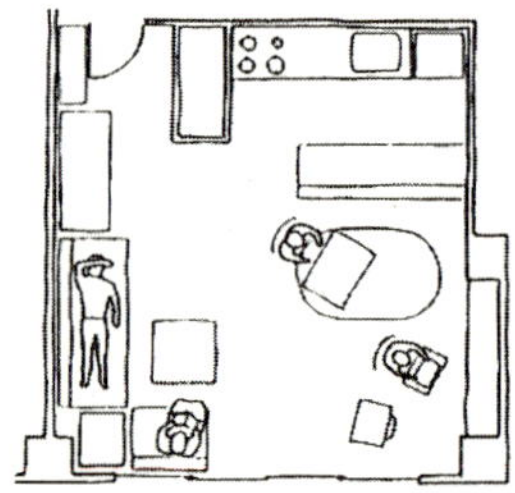

아버지는 골프를 가르치고 있고, 어머니는 그것을 대충 듣고 있다. 나도 옆에서 별 생각 없이 그 장면을 보고 있다. 형은 폭이 좁은 의자에 방석을 나란히 깔고 자고 있다.

그림 1.4 거실에서의 행동장면 사례

다양한 개개인의 행동이 공존하고 있고, 원만한 관계를 유지하고 있다. 하나의 행동장면으로는 정의내릴 수 없는 상황.

그림 1.5 카사하라 초등학교(埼玉県宮代町, 설계 : 象設計集団)

학교 곳곳에 소수의 인원이 함께할 수 있는 공간들이 있다.

2) 퍼블릭 스페이스 public space에서의 체재방식

다양한 행태관찰을 해나가던 중에 처음 주목했던 것이 마키 후미히코 槇文彦가 설계한 스파이럴 Spiral의 정경이었다(그림 1.6). 특별한 사람이 있는 것은 아니다. 특별한 행동을 하고 있는 것도 아니다. 다만 사람이 앉아서 책을 읽고 있을 뿐이지만, 다른 건물의 라운지 같은 공간과는 어딘가 분위기가 다르다. 잘 설명할 수는 없지만, 어딘가 도시적이고 매력적이다. 우리는 그것을 관찰자 입장에서 '스파이럴식 앉기'라고 명명하고, 그 장면의 질과 그것을 성립시키고 있는 환경에 대하여 논의했다. '한 남자가 앉아 있었다'라고 평면도에 맵핑하는 것으로는 절대로 이 정경의 매력을 표현할 수 없었다. 인간행태를 다루는 전문가임에도 불구하고, 우리는 이러한 일상적인 장면의 질을 적절하게 표현할 수 있는 단어나 개념을 가지고 있지 않다는 사실에 놀랐다. 이를 계기로 환경의 질을 파악하기 위해서는 행동이나 행위내용이 아닌 사람이 단지 그곳에 머무르고 있는 모습 그 자체, 즉 체재방식에 주목할 필요가 있다는 것을 인식하게 되었다[5~8].

비슷한 질적 수준으로 느껴지는 체재방식을 팰래 로열 Palais Royal이나 룩셈부르크 Luxembourg 등 프랑스 파리의 공원들에서 발견함으로써 그 패턴을 이해할 수 있었다(p.1, 그림 1.7). 사람들이 무언가를 바라보며 기분 좋게 앉아 있는 모습을 뒤에서 몰래 지켜볼 수 있는 위치관계이다. 보통은 벽 쪽에 의자를 놓고 앉는 사람의 뒤를 안정감 있게 하는 것이 일반적이지만[9], 그것으로는 '스파이럴식 앉기'가 발생하지 않는다. 즉 체재방식은 당사자 본인뿐만 아니라 관찰자를 포함한 주위에 있는 모든 사람과 관계되어 있다. 인간의 행태는 개인적인 것일지 모르지만 체제방식은 사회적인 것이다.

또 하나 파리의 거리에서 깨달은 것은 압도적인 체재장소의 숫자였다. 아름답지만 머무를 수 있는 장소가 적은 일본의 도시 공개공지와는 큰 차이가 있었다. 많은 도시 디자인이 '번화한 환경'을 목표로 해 왔지만, 도시에서는 다양한 체재방식이 필요하지 않을까.

이러한 퍼블릭 스페이스에서의 체재방식에 있어서 타이페이에 있는 한 공원에서의 활동을 접하게 된 것도 큰 전환점이 되었다. 태극권, 기공, 사교댄스, 노래방 등 시야 안에 이 만큼 다양한 행위를 담아본 적은 없었다(그림 1.8). 일본에도 활기 넘치는 공원은 많지만, 그곳을 이용하는 사람의 속성이나 활동은 대체적으로 비슷하다. 타이완 사람들은 개개인이 자신의 공간에서 공원에 있는 것을 즐기고 있었다. '각자 나름대로'라는 체재방식의 패턴은 이때 생겨났다.

이처럼 퍼블릭 스페이스 계획에 있어서는 '그곳에서 무엇을 할 수 있을까?' 뿐만 아니라 '그곳에 어떻게 머물러 있을 수 있을까?' 그리고 '어떠한 체재방식이 가능할까?'가 결정적으로 중요하다.

그림 1.6 스파이럴(동경 아오야마, 설계 : 마키 후미히코)
도시를 바라보면서 책을 읽는 사람을 지켜볼 수 있는 관계.

그림 1.7 룩셈부르크 Luxembourg 공원(파리)
차분하게 대화를 나누고 있는 커플을 우리들도 편안히 감상할 수 있었다.

그림 1.8 흥룡공원(타이페이)
태극권, 기공, 사교댄스, 휴식 등 각자 나름대로 공원을 이용하는 사람들.

3) 중국 주거에 있어서 인간행태와 공간의 자유로운 대응

2.1절에서 다시 언급하겠지만 연구실에서 수행한 중국의 도시집합주택 조사[10]에서는 행위가 특정 공간과 대응하지 않는 상황이 많이 있었다. 하지만 이 결과는 조사지역도 한정되어 있었고, 공간의 미분화로 인한 상황적 모순이 내재되어 있었기 때문에 일반화시키기에는 다소 무리가 있을 것이다.

조사대상 주택들은 차후 LDK형으로 변해갈 가능성이 있었지만, 당시에도 '익숙하게 사용하고 있다'는 점에서는 꽤 안정된 스타일로 존재하는 흥미로운

그림 1.9 텐진天津 주택의 식사장소

고정적인 식사공간이나 식탁은 없고, 아이들이 자는 공간이기도 한 거실에 그 때마다 접는 테이블이 설치되어 식사장소가 된다.

그림 1.10 텐진天津 주택의 창가

부부침대가 있고 아이들이 공부하는 장소이기도 한 방. 창가의 책상 위에서 밥통이 수증기를 뿜고 있다.

양식이었다. 이것은 방과 행위라는 기호적인 거주방식 조사로는 대응할 수 없는 흥미 깊은 양식이었고, 기존의 인간행태와 공간의 대응관계의 전제를 뒤흔드는 개념이었으며, 이후에 언급할 최근 일본 설계자들의 다양한 시도와도 통하는 점이 있는 현상이었다(그림 1.9, 1.10).

관련영역의 새로운 연구와 이론

1) 건축에 있어서 심리학의 발전과정

건축은 다양한 분야들과 관련을 맺고 있기 때문에 연구자들은 때때로 '심리학에서는 이렇게 말한다', '사회학에서는 이렇게 말한다'라고 인용하는 경우가 많다. 하지만 심리학이든 사회학이든 전문가 전원이 인정하는 단일의 사고방식이나 이론이 존재하는 것은 아니다. 따라서 건축에 있어서는 심리학이나 사회학의 입장을 어떻게 모델화 하는가가 중요하다.

건축분야에서는 게슈탈트 심리학의 도입 외에 행동주의 심리학 즉, '자극-반응(S-R)'에 따라 인간을 파악하는 분석틀이 일반적이었다. 이것은 건축분야가 '물리적 환경 조작에 의해 행동을 컨트롤한다'라는 공학 지향적 사고에 적합했기 때문이 아닐까? 또한 본인도 모르는 사이에 행동주의적 파악방법을 전제로 해 버리는 경우도 있지 않을까?

한편 심리학 분야에 있어서는 1970년대 중반부터 큰 변동이 있었다. 동물생태학, 언어학, 컴퓨터공학 등의 성과를 바탕으로 행동주의적 인간상 · 모델을 비판하는 인지심리학 · 인지과학이 생겨난 것이다(佐伯, 1981)[11]. 이러한 움직임은 1980년대 일본에서도 큰 흐름이 되었고, 이후 Gibson의 생태심리학에도 영향을 받아 환경이나 상황의 문맥을 중시하는 상황론적인 입장으로 전개되어 갔다.

이러한 사고방식의 특징 중 하나는 인간을 단순한 반응기계로 보지 않고, 그 행동을 '도식 Schema구조'에 의해 설명하는 등 인간의 내부적 · 적극적인 환경에 대한 작용을 중시한다는 것이다. 또한 이것이 행동주의적 모델과의 차이점이다.

다음의 사에키 유타카 佐伯 胖의 문장에서 보듯이 행동이나 능력을 개인의 특성이라기보다는 주변 상황 속에서 나타나는 행태양상으로 파악하는 입장도 있다.

'학력'이라든가 '능력'이라든가 '적응력'이라고 하는 것들, '자발성'이라든가 '적극성'이라고 하는 것들, 또 이제까지 '○○력' '○○성'이라고 불려온 것들. 이것들은 행위주체 자신이 가지고 있는 힘이나 마음의 구조 또는 속성에 귀속시키는 사고방식을 부정하는 것이다. 즉 이것은 당사자와 그 주변 사람들, 그리고 그것을 둘러싼 세계와의 관계 속에서 특유한 형태로 '나타나는' 행동특성인 것이다. 이와 같은 사고방식을 '관계론적 관점'이라고 부른다.
(사에키 유타카 : '체득하다'라는 말의 의미)[12)]

또 하나 종래의 심리학이 인간을 '판단력이 불충분하여 실수하기 쉬운 존재'로서 파악했던 것과는 달리, '적은 정보 속에서 그럭저럭 능숙하게 해내고 있는 존재'로서 파악하는 경향도 주목해야 할 점이다. 일반적으로 법칙성을 읽어 낼 때 모델은 단순한 편이 좋지만, 풍요로운 구조로써 인간을 볼 때 전혀 다른 인간상이 생겨난다[13)]. 앞에서 예를 든 네즈 根津 지역의 연구는 이러한 발상으로부터 큰 영향을 받았다.

2) 생태심리학적 관점

위와 같은 넓은 의미에서의 생태심리학적 관점은 특별히 인지심리학의 흐름뿐만 아니라 장르를 초월하여 보급되어 있었다. 사진촬영법[14)]으로 아이들의 생활환경을 표현한 노다 마사아키 野田正彰의 연구와 같이 '어떤 사람이 자신의 지역에서 어떤 방식으로 살아가고 있는가?'를 전체적으로 파악하고자 하는 연구방법은 점점 마을만들기와 아이들의 생활환경을 다루는 연구자 사이에서 공유되어 갔다[15~17)]. 또 다른 예로 이때부터 도시디자인 영역에서 대지나 부지의 컨텍스트와 체험의 전체성을 중시하는 랜드스케이프 디자인[18)]이 중요시 되었던 것도 같은 현상이 아닐까 생각된다.

3) 설계자에 의한 다양한 제안

또 한 가지 중요한 것은 이 시기에 설계자들이 제안한 모델이다. 이미

1970년대 시노하라 카즈오 篠原一男에 의한 시도로부터 그 징후가 나타나기 시작했지만, 1990년대에 들어서면서부터 단순한 공간배열의 조작이 아닌 건축공간과 그곳에서의 생활관계 자체를 보다 자유롭게 만들고자 하는 방법론들이 제안되었다[19].

예를 들면 후루야 노부아키 古谷誠章의 '생활을 편집한다'는 표현, 아오키 쥰 青木淳의 미목적 未目的인 인간행동상, 그리고 이에 기인한 설계용어인 '동선체 動線体[20])' 등을 들 수 있다. 이러한 개념들은 어떤 공간에 특정 행위들을 적절히 대응시키고자 했던 당시의 기능주의적 사고의 틀을 강하게 비판하였다.

이러한 인간행태와 공간의 대응관계에 관한 유연한 분석방법은 루이스 칸의 '사람의 마음속에서 적절한 사용방식을 불러일으킬 수 있는 공간의 창조'라는 말처럼 훨씬 이전부터 존재해왔다. 또한 이것은 마키 후미히코[21]나 Hertzberger[22]의 설계에서도 찾아볼 수 있는 개념이다. 흥미로운 것은 일본 상황에 맞는 주택모델을 모색하던 시기에 공간과 기능의 대응관계 - 마지막까지 잔존했던 근대적인 개념이라고 할 수 있는 - 를 변화시키고자 하는 움직임이 활발하게 이루어졌다는 사실이다. 여기서 '연구자가 파악하는 인간–환경의 관계상보다, 설계자가 바라보는 인간–환경의 관계상이 더 인간적이다' 라는 말이 생겨난 것이다.

3 행태연구 분야의 떠오르는 문제점

이와 같은 상황을 종합해보면 인간의 행태를 파악하는 건축환경심리 분야에는 다음과 같은 문제점이 있다는 것을 알 수 있다.

■ 실제적인 장면을 파악하는 방법론의 부재

어떤 현장에서 개인이 체재하는 모습, 그리고 그곳에서 자신의 생활을 조직하고 있는 상황을 구체적으로 다루는 방법론이 아직 충분하지 않다. '특정 지역의 포괄적 연구'에서 살펴본 바와 같이 생활은 매우 다양한 측면에서 유지되고 있기 때문에 이러한 상황을 실제적으로 조사하고, 표현하고, 분석하는 구체적인 방법론이 필요하다.

■ 타인과의 우연한 접촉의 장場을 다루는 방법론의 부재

실제적 공간에는 본인뿐만 아니라 다른 사람이 함께 체재하는 경우가 일반적이다. 하지만 노다 마사아키野田正彰가 언급하듯이 기존 심리학은 개인의 심리를 다뤄왔고, 사회학은 조직을 취급해 왔기 때문에 그 중간적인 관계를 다루는 학문은 결여되어 있었다. 건축 분야에서도 군중이나 조직으로써 인간을 다룰 것인지, 개인의 심리를 다룰 것인지로 양분화 되어 타인과의 우연한 접촉이 이뤄지는 일상적 공간을 다루는 방법론이 결여되어 있다.

근대 심리학은 마음이 움직이는 장소를 개인에 한정했다. 한 개인의 인간심리가 있고, 그 다음 개인과 개인의 상호관계의 심리가 있다고 가정하고 있다. 원자로써의 개인의 집합체를 사회라고 생각한 것이다. 반대로 사회학은 사회를 인간의 주관적 세계와 분리해 버렸다.

그러나 현실에서 우리의 체험은 개인도 사회도 아닌, 굳이 말하자면 그 중간적인 '우리'라는 영역에서 이루어지고 있다. 중간적인 영역으로부터 가치관, 감정표현, 외부 세계의 시각 등을 받아들이고, 다시 그 중간적인 영역을 향하여 자기 판단이나 감정을 표현하고 있다. 극히 소수의 사람들이 모여 '우리'가 구성될지도 모르지만, 체험에 대해서 말하자면 나의 체험은 이전부터 우리의 체험 속에 녹아들어 있었다. 일상에서 나는 개인으로서 생각하고, 느끼고 있다기보다 우선 사고나 감정이 있고, 그 주어를 나로 할지 우리로 할지 고민하고 있는 것이다 (野田正彰, 1988)[14].

인간행태와 환경의 대응관계에 관한 모델의 문제

지금까지 살펴본 것처럼 가장 큰 문제 중 하나는 인간과 공간 구성요소의 관계를 파악하는 모델이 미비하다는 것이다. 지금까지 건축계획에 있어서는 생활을 기능별 행위 - 거주, 교육, 의료, 쇼핑, 문화 등 - 로 분해하고, 그것을 적절히 배치하는 것이 큰 부분을 차지하고 있었다. 또한 주택계획에 있어서 인접주택에서부터 근린주구에 이르기까지 단계적으로 사회조직과 공간을 구분해서 계획해 왔다. 이 배경에는 '생활행위(기능, 조직)를 시설이나 공간에 분할하여 대응시킨다'는 도식 즉, 넓은 의미에서의 기능주의가 존재하고 있다.

그러나 우리가 지역연구를 통해 규명하고자 한 것은 이러한 공간적 '분할·대응'이 아닌 인간과 지역요소의 종합적·실제적 대응관계였다. 거주자는 대중목욕탕에서 목욕, 상점에서 쇼핑만을 하고 있는 것이 아니라 사회적 관계[23] 등과 같은 다양한 요인으로 시설이나 장소를 선택하고 있으며, 또한 그것을 자신의 생활영역을 형성하기 위한 자원으로 삼고 있다는 것이다. 거주자와 지역공간과의 대응은 기존의 계획론에서 생각하는 것 이상으로 다양하다[24].

■ 계획 및 디자인에 있어서의 한계 – 건축결정론

가장 큰 문제는 계획 · 디자인하는 것으로부터 생겨난 목적 지향일지도 모른다. 즉 설계자나 디자이너는 디자인이라는 물리적 환경 조작을 통해서 사람들에게 보다 좋은 생활 · 행태적 환경을 제공하려는 입장이기 때문에 디자인에 의해서 인간의 생활이나 행태에 변화가 일어난다는 것이 대전제가 된다. 그렇기 때문에 어떤 물리적 변수에 의한 행태의 변화, 다시 말해서 인간 행태를 컨트롤한다는 건축결정론적 사고에서 벗어나기 힘들다.

하지만 최종목표는 인간이 설계자의 의도대로 움직이는 것이 아니다. 대부분의 사람들이 환경을 익숙하게 사용하고, 풍요로운 생활을 조직할 수 있도록 하는 것이 목표인 것이다. 그러기 위해서는 어떤 모델과 어떤 자세 · 태도가 필요한 것일까?[25,26]

4 방향성과 과제

-체험된 장소의 질적 풍요로움을 목표로

마지막으로 앞으로의 방향성에 대하여 정리해보고자 한다.

실제 현장으로-개인이 만들어 내고 있는 생활환경의 규명

무엇보다도 구체적인 건물이나 지역에 있어서 개개인이 어떻게 익숙하게 이용하고 있고, 또 그곳에서 어떠한 방식으로 자신만의 생활의 장을 만들고 있는지를 규명하는 조사연구가 보다 활발히 이루어져야 할 것이다. 이후에 소개되는 주거, 시설, 지역에 이르는 케이스 스터디도 기본적으로는 이와 같은 시도로 평가할 수 있다. 향후에는 인터넷으로 대표되는 버추얼한 환경도 그 대상이 될 수도 있을 것이다.

생활환경을 유지시키는 자원의 검토

연구자나 설계자는 건물 · 시설에 의해서 생활이 유지된다고 생각하기 쉽지만, 우리가 사는 일반적인 사회에서는 물리적 건축과 그 기능보다 '그것을 어떻게 사용할 수 있을까'와 '사회적인 자원'이 매우 중요하게 된다. 이른바 시설의 이용 조사가 아니라 생활과 그것을 유지하는 자원의 조사 · 분석이 필요할 것이다.

■ '분할 · 대응'을 대체하는 유연한 모델

세 번째는 생활과 행태, 인간과 건축에 관한 보다 유연한 모델을 확립하는 것이다. 근대적인 계획론의 가장 큰 문제점 중 하나는 집단 · 기능 · 행위에 실이나 공간을 적절하게 분할해서 대응시키는 모델밖에 없었다는 것이다. 인간과 환경을 불가분의 관계로써 파악하는 상호침투론 Transactionalism을 시작으로 몇 가지 중요한 방향성은 제시되어 있지만, 구체적으로 그것이 어떻게 발현될지는 아직 검토가 필요하다.

■ '계획' 개념의 재검토

상기와 같은 방향성 중에서 저절로 계획이나 디자인의 의미 자체가 변해갈 가능성이 있다. 기존에는 이용자의 행동특성에 대응해서 이용자가 요구하는 것을 제공하는 것이 기본이었지만, 앞으로는 생활자가 자신의 생활을 조직하기 위해 재료자원을 제공한다는 개념으로 변해갈 가능성이 있다. 그것이 어떠한 '계획'이 될지는 아직 어렴풋한 정도로 밖에 떠오르지 않지만, 바로 환경행태 연구가 공헌해야 할 대상임에는 분명하다.

스즈키 다케시(鈴木 毅)

02

인간행태로부터 주거환경을 읽는다

1 주거에 있어서 인간행태와 공간의 대응

-중국 도시집합주택을 대상으로

이 장에서는 중국 도시집합주택을 대상으로 한 '행동장면' 조사사례와 일본 노인홈을 대상으로 한 '사물이 투영하는 거주환경'에 관한 연구를 통하여 주거환경을 파악 및 평가하는 두 가지 관점에 대해서 소개하고자 한다. 두 연구 모두 '인간의 행태'에 주목하고 있지만, 이러한 인간행태를 끌어내는 관점이 직접적(행동장면) · 간접적(=행태를 투영하는 사물)이라는 서로 다른 특징을 가지고 있다.

1990년대의 중국 도시집합주택

중국은 1978년 개혁개방정책을 표방한 이후 국가가 모든 도시집합주택의 계획 · 건설 · 분양 · 관리를 주도함으로써 도시주택은 '주택의 상품화'라는 분양공급방식으로 변화하게 되었다. 또 중국 정부는 2000년을 목표로 '소강생활小康生活[1]'의 달성(도시주택의 경우 1세대 1유닛주거, 1인당 거주면적 8m^2, 1주호 건축면적 50~55m^2)을 전 국민에게 제시하였는데, 이를 계기로 선진국의 주택정책이나 도시계획 방법이 중국에 적용되기 시작했다.

특히 주 정부기관인 중국 건설성은 1990년부터 3년간 일본 국제협력 사업단과 '2000년을 목표로 한 국민 거주환경 개선과 소강주택小康住宅의 실현을 위한 기술적 방법의 제공' 규약을 체결함으로써 정부의 '소강주택 프로젝트'가 본격적인 궤도에 오르게 되었다. 그 결과 일본 집합주택계획의 식사공간과 침실의 분리 · 다이닝키친 · 공사公私분리 등의 개념들이 중국 집합주택에 적용되었고, 실제로 60주호 유닛을 가진 6층 건물의 시행주택이 베이징

1) 소강小康이라는 중국어는 '소시민의 생활수준을 유지하다'라는 의미를 갖는다.

에 건설되기도 하였다(그림 2.1).

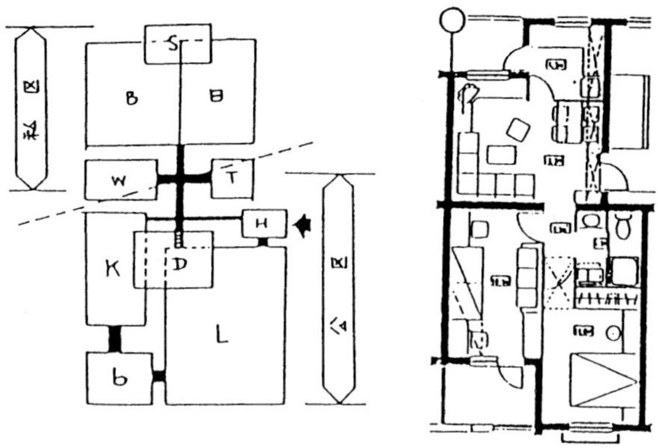

H:현관홀, L:거실, D:청(庁), K:부엌, b:발코니, W:욕실,
T:화장실, B:침실, S:학습실

그림 2.1 소강주택小康住宅의 공간개념도

(베이징 FRP공장의 시행주택 설계도. 중국도시소강주택연구종합보고서)

그러나 이러한 일본 집합주택 계획개념들이 적용된 시행주택을 대상으로 실제 공간의 이용행태를 조사한 결과, '중국의 모든 가정생활의 중심'인 청(庁 : living room, 이하 청)은 가정의 중심이라는 의미보다는 손님을 맞이하는 객청(客庁, 이하 객청)으로 인식되는 경우가 많았고, 그림 2.1의 계획개념도에서와 같이 가족을 위한 식탁을 둔 세대는 단 1세대도 없었다. 가족의 식사와 같은 경우는 기존 방식대로 접이식 책상을 사용하거나 소파테이블을 사용하는 경우가 대부분으로, 넓게 계획된 다이닝키친에서 식사하는 세대는 57세대 중 7세대밖에 없었다.

또 부모와 자식이 각자의 방에서 취침하는 세대(35세대)에서는 좁게 계획된 작은방小屋(이하 작은방) 즉, 개인실을 다른 가족구성원들이 자주 이용하고 있었다. 구체적으로 개인실을 다른 가족구성원들이 개인용무로 이용하고 있는 세대는 22세대(63%), 가족구성원들이 함께 집단으로 이용하고 있는 세대는 13세대(37%), 그리고 손님[2)]을 맞이하는 공간으로 사용하고 있는 경우

2) 여기에서는 가족과 떨어져 살고 있는 사람들(대학 등의 기숙사에서 살고 있는 가족은 제외)

는 27세대(77%)로 조사되었다.

이와 같이 자신의 방이 있어도 다른 사람의 방을 이용하거나, 객청이 있어도 작은방에서 손님을 접대하는 등 공간계획에서의 예상과 실제 생활방식에 따른 이용실태에는 큰 차이점이 있었다(그림 2.2).

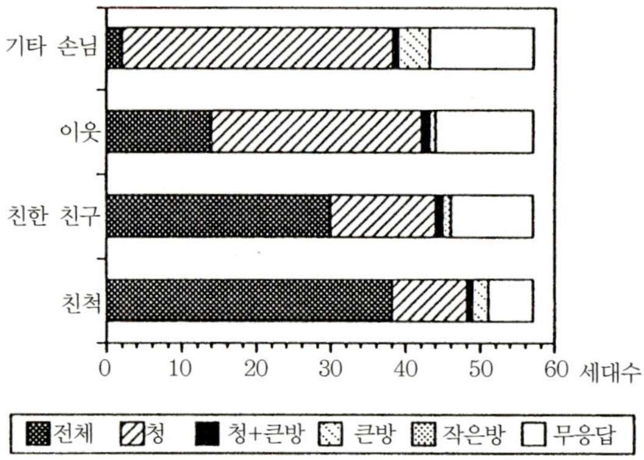

그림 2.2 베이징 시행주택에서의 손님접대 공간(총 57세대)

다시 말해서 일본 집합주택의 계획개념을 베이스로 한 '계획된 공간'과 실제 중국 사람들이 '인지하고 있는 공간' 사이에는 큰 차이점이 존재하고 있으며, 이것은 곧 주거를 기능만으로 접근하는 것에는 한계가 있고, 그 저변에 깔려 있는 사회 · 문화적 배경을 충분히 반영하지 않으면 안 된다는 것을 반증하고 있는 것이다.

전통적으로 중국에서는 주인과 손님(친척도 포함)의 관계에 따라 객청을 접대공간으로 이용하는 경우가 있고, 주인의 침실을 포함한 주택 전체를 접대공간으로 이용하는 경우도 있다. 즉, 손님과의 관계가 돈독할수록 보다 프라이버시가 높은 영역에서 손님을 맞는다. 반대로 자신의 침실에서 손님을 접대하는 것은 친밀감을 표현하는 하나의 수단이기도 한 것이다.

이와 같은 사례를 통하여 알 수 있듯이 중국의 전통관습과 일본 현대주택 계획에 있어서의 '공사분리 公私分離' 개념 사이에는 근본적인 차이점이 있으

을 모두 손님으로 간주한다.

며, 이것은 전술한 '계획된 공간'과 '인지하고 있는 공간'의 괴리를 일으키는 하나의 원인으로 파악할 수 있다.

중국 도시집합주택의 주호평면 및 명칭

1980년대부터 건설되기 시작한 도시집합주택의 주호평면은 일반적으로 1개의 청과 몇 개의 방으로 구성된 'n실 1청' 형식을 취하고 있다. 각 주호는 몇 개의 방과 독립된 부엌, 화장실 또는 욕실 겸 화장실 등으로 이루어져 있고, 각 공간은 '청'으로 연결되어 있다(그림 2.3). 일본 집합주택과의 가장 큰 차이점이라고 하면 방의 기능(침실로 할까? 거실로 할까? 서재로 할까? 등)이 일본만큼 확실히 규정되어 있지 않다는 것이다(그림 2.4).

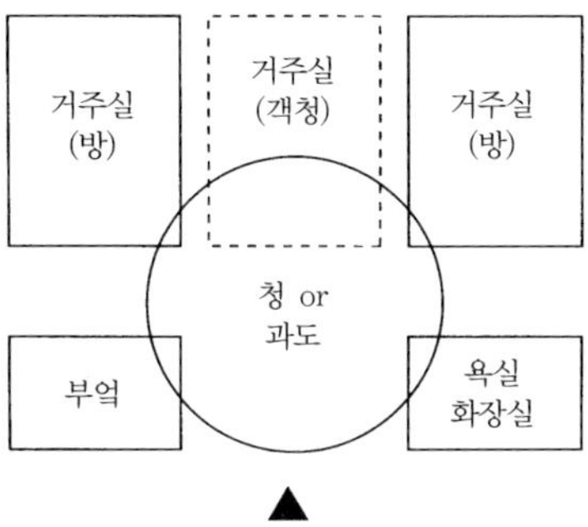

주 : ⬚가 없는 주호도 있다
(　　)는 거주자들이 부르는 명칭

그림 2.3 중국 도시집합주택의 평면구성

그림 2.4 일본 도시집합주택의 평면구성

손님을 접대하는 객청을 제외하면 보통 방의 명칭은 기능이 아니라 규모에 따라 '큰방'·'작은방', 위치에 따라 '남쪽 방'·'북쪽 방' 등으로 부르는 경우가 많다. 또 실제 생활에 있어서는 자신이 있는 장소를 기준으로 '그 방'이라고 부르거나 어떤 물건이 놓여져 있는가에 따라 'TV방' 등으로 부르는 경우도 적지 않다. 청의 명칭은 그 형태에 따라 청庁, 방청方庁, 통행기능에 따라 과청過庁, 과도過道로 부르는 경우가 많다[3]. 이들 대부분이 중국 전통주택에서 통상적으로 사용하던 명칭들이다.

이와 같이 중국 집합주택의 방이나 청의 명칭은 기능보다는 공간의 규모, 위치, 형태 등으로 정의되는 경우가 많고, 전통주택에서의 명칭이 그대로 통용되고 있다. 이러한 사실은 중국의 도시집합주택을 이해하는데 중요한 힌트가 될 것이다.

행동장면으로 본 주거환경

본 연구는 필자가 1990년대에 실시한 중국 텐진시 도시집합주택에 있어서의 '행태관찰' 조사연구이다. 여기에서는 사전에 설정된 몇 개의 생활 장면과 관련해서 주변 사람들이 머무르는 장소와 상황을 조사대상자 자신에게 스케치하도록 하였고, 가족에 의한 일상생활 장면의 사진촬영과 보충 인터뷰 조사를 실시하였다.

1990년대 전반 중국 도심부의 1인당 주거면적은 8㎡도 안 되는 상황이었다. 대부분의 주거가 가족구성원 각자의 침실을 갖는 것도 벅찼기 때문에 침실 이외의 공간은 거의 없었다. 따라서 조사는 일반주택보다 넓은 평수를 가진 주택을 중심으로 이루어졌는데, 이는 일본 집합주택 계획개념에서 보면 식사공간과 침실의 분리 · 공사公私 분리가 물리적으로 실현되어 있어 보다 구체적인 연구결과를 얻을 수 있다고 판단했기 때문이다.

1993년 중국 텐진에서 무작위로 추출한 45세대 중 조사내용에 적합한 16세대를 중심으로 주생활 실태의 파악과 주거환경 분석을 실시하였다(표 2.1).

이 16세대에서는 가족의 침실을 제외한 여분의 방에 객청을 설치해 둔 경우가 많았다(12세대, 75%). 이 중 2개의 방을 가진 6세대(방 2개가 모두 남쪽에 위치해 있는 1세대는 제외)에서는 남쪽 큰방을 조부모, 부부 또는 가족의 침실로 이용하는 경우가 많았는데(5세대), 3세대는 북쪽 작은방을 객청으

3) 그러나 최근 三大一小(청, 부엌, 욕실 · 화장실은 크게 하고, 침실은 작게 한다) 계획에서는 방보다 넓은 청을 객청으로 사용하는 경우 청을 객청이라고 부르는 경우도 있다.

표 2.1 개인별 침실과 여분의 방을 가진 주호에서의 공간 이용행태

	방이 두 개인 주택							방이 세 개, 네 개인 주택								
NO.	7	14	15	18	24	29	30	34	35	37	38	39	41	42	44	45
인수	3	3	2	2	2	2	2	3	4	3	4	3	3	3	3	5
남쪽방 1	●○ □ ★	◎ ◇ ★	● ■ ★ △	● ■ ★ △	■ ★	●	◎ □ ★	● ■ ★	● ■ ★	○	◎⊗ ■	⊙ □	● □	● □	● □	◎ □ ☆
명칭	큰방	큰방		큰방		큰방	큰방	큰방	큰방	침실	큰방	침실		큰방	큰방	침실
남쪽방 2	/	■	/	/	/	/	/	○ □	○	■ ★	■ ★	■ ★	○ □	■ ★	■	■ ★ △
명칭	/	작은방	/	/	/	/	/	작은방		객청	객청	객청		객청	중간방	대청
남쪽방 3	/	/	/	/	/	/	/	/	/	/	/	/	/	/	/	●
명칭	/	/	/	/	/	/	/	/	/	/	/	/	/	/	/	침실
북쪽방	⊙ ■ △	/		□	● ★	■ ★	■	○	□	●	● □	●○ □ ☆		○ □	○ □	○ □
명칭	작은방	/		작은방		작은방	작은방	북쪽방	작은방	침실	동쪽방	침실		작은방	작은방	침실
청	/	△			△	■ △	□ ★ △	□ △	△	◇ △			■ ★ △	△	△	△

◎ 노부부 침대 ● 부부 침대 ◎ 부부와 아이 침대
○ 아이 침대 ⊗ 휴일 휴게용 침대 ⊙ 예비 침대 ■ 중요한 손님
□ 친한 손님 ◇ 특별한 손님 ★ TV를 중심으로 한 가족모임
☆ 보조용 △ 가족끼리의 식사

로 사용하고 있었고, 2세대는 객청을 설치할 여유가 있는데도 따로 객청을 두지 않고 남쪽 큰방에서 접객 · 식사 · 취침을 겸하고 있었다. 이처럼 해가 잘 드는 큰 방[4]은 우선적으로 조부모나 부부침실이 되고, 객청은 입구에서 가까운 방에 설치되는 경향을 볼 수 있었다.

가족의 식사는 남쪽 큰방에서 접객 · 식사 · 취침을 겸하고 있는 2세대와 주방을 사용하고 있는 2세대를 제외하면 모두 각 주호의 청에서 이뤄지고 있었다. 즉, 식사공간은 청으로 정착해 가고 있다고 볼 수 있다. 또 손님과 같이 식사를 하는 경우에는 보통 자기 가족끼리 식사하는 장소보다 한 단계 높은 레벨(청에서 객청 또는 청에서 침실)에서 행해지는 경우가 자주 관찰되

4) 일반적으로 남쪽에 위치한 방이 북쪽에 있는 방보다 크다. 바꿔 말하면 사람들이 '큰방'이라고 부르는 방은 대개 남쪽에 위치해 있다(남북향이 아닌 주호에서도 '큰방'이 보다 좋은 위치에 계획된다).

었다.

1) 가족의 행태와 공간의 대응

이 16세대의 가족 공간이용 행태를 살펴보면 별실취침이 가능하고, 여분의 방을 객청으로 사용할 수 있을 만큼 충분한 여유가 있음에도 불구하고 개인의 침실이 다른 가족구성원에 의해 사용되는 경우가 많았다. 또한 손님을 접대하거나 가족이 모이는 장소도 반드시 객청에 한정되어 있는 것은 아니었다.

16세대 중 4세대(No.15, 18, 34, 35)는 객청을 설치해 두지 않았는데, 침실인 남쪽 큰방에 TV를 두고 이곳에서 가족들이 모여 휴식을 취하거나 손님을 접대하고 있었다. 또 9세대 (No.24, 29, 30, 37, 38, 39, 42, 44, 45)에서는 독립적으로 설치된 객청에서 TV를 중심으로 한 가족모임이 이루어지고는 하는데, 음악감상이나 그 밖의 가족모임 등은 개인침실로 옮겨가는 경향을 볼 수 있었다. 이는 객청은 항상 손님을 접대할 수 있도록 깔끔하게 정리되어 있어야 한다는 습관적 인식에 기인하는 것으로 볼 수 있다. 한편, 객청이 북쪽에 설치된 주호에서는 객청은 손님접대 공간으로만 사용되고, 가족의 모임이나 보다 친한 친구의 접대는 개인침실에서 이루어지는 경우가 많았다(표 2.1).

또 이 16세대 중 부부 또는 부부와 아이가 한 방을 사용하는 8세대를 제외한 나머지 세대에서는 가족모임이나 낮잠, 독서, 공부 등의 개인적인 활동이 다른 가족구성원의 침실에서 행해지고 있는 장면을 자주 볼 수 있었다. 이들 사례에서는 가족구성원 개개인의 행동영역이 자신의 침실과 객청에만 한정되어 있지 않고, 주호 전체에 미치고 있음을 알 수 있다.

결국 행위의 목적 · 가족모임의 목적에 따라 이것을 지원해주는 환경(소파, 책상 등의 가구나 TV, 가족용 게임도구, 오디오 등)을 선택적으로 이용하고 있기 때문에 각 공간의 이용은 그 장소의 주인으로만 한정되지는 않는다는 것이다.

2) 침대에서의 행동장면

이와 같이 각각의 침실은 다른 가족구성원들의 개인적 목적, 가족모임, 식사 그리고 손님접대 등에도 자주 이용되고 있었는데, 대부분의 가정이 침대를 중심으로 소파나 의자를 조합 · 사용하여 이러한 생활행동을 유지해가고 있었다. 특히 주택의 규모가 큰 경우에도 침대를 중심으로 하는 경향이 많았는데, 이때의 생활행동들은 지극히 개인적인 활동에서부터 가족모임, 식사, TV시청, 손님접대 등 집단적인 활동으로 확대되는 경우가 많았다. 그 밖에도 아이들의 놀이장소가 되거나 침대 위에서 요리를 준비하는 등 다양한 일상 활동에 이용되고 있었다(표 2.2, 그림 2.5).

표 2.2 침대에서의 행동장면

(주호번호)

생활행동	1	2	3	4	5	6	7	8	9	10	11	12	13	14	15	16	17	18	19	20	21	22	23	24	25	26	27	28	29	30	31	32	33	34	35	36	37	38	39	40	41	42	43	44	45
1 일상적 식사	●					●	●	○				○	○			●	●				○																			○					
2 손님과 함께 식사	●							●								●	●					●										●	●					●							
3 손님 접대							●		●	●		○	○			●	●	●	●		○	●					○				○	●	●			●		●			●	●		●	●
4 TV시청		○		●	●	●	●	●		●						●	●	●	○			●		○	○					○		●		●	○				●		●	○			●
5 마작						●	●					●	●				●															●			●			●			●				
6 휴식	●				●	○	○	○	●	●	○							●							○	●	●			○				●		○		●			●	●	○		●
7 신문 · 책읽기	●	○		●	○	●												●			○		○				●			○		●				●								○	○
8 가족용 컴퓨터 사용																															●											○	●		
9 전화														○																															
10 공부				●																																				○					
11 만두 만들기					●											●																													
12 아이들의 놀이				○						●																													●		●				
13 낮잠	●																	●																		●								●	

● 다른 가족구성원 침대에서 행해지고 있는 경우 ○ 자신의 침대에서 행하고 있는 경우

주 : 생활행동 5~13번 항목은 「휴식 및 여가를 즐기는 장면」을 직접 묻거나 사진촬영조사에서 우연히 선택된 것이기 때문에 실제 생활에서의 장면보다는 그 수가 적을 것이다.

본 연구에서 사례로 선정한 중국 집합주택의 가정에서는 침대라는 공간, 즉 방이라는 공간에서 침대라는 환경이 취침기능 이외의 다양한 퍼블릭한 장면에서도 이용되고 있었다. 중국 북방의 전통주거에는 '칸(야간에는 침상으로 사용되고, 주간에는 일상적인 생활공간이 되는)'이라고 불리는 바닥면에서 조금 올라간 부분이 있는데, 위에서와 같은 침대 주변에서의 생활 활동은 그

좌측 사진 : 침대를 중심으로 한 손님접대 장면
우측 사진 : 침대에서 만두를 만드는 장면

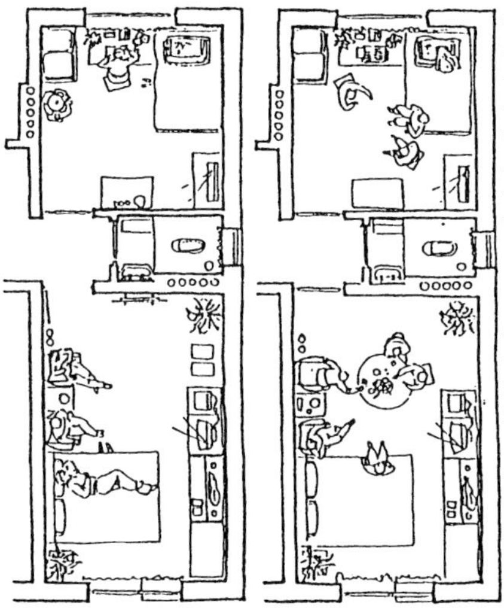

단란한 장면(왼쪽)
저녁식사 후 부인과 아이들 2명은 큰방(부부침실)에서 텔레비전을 보고 있다(둘째 아이는 침대에 누워 있다). 나는 작은방(아이들방)에서 서류를 정리하고 있다.

손님접대 장면(오른쪽)
큰방(부부침실)에서 부인과 아이들이 친척과 이야기를 나누고 있다 (부인은 침대에 앉은 채로). 나는 작은방에서 직장동료와 이야기를 나누고 있다(손님이 침대에 앉은 채로)

그림 2.5 개개인의 행태와 침대의 대응

러한 칸에서 행해지는 생활 활동과 많은 공통점이 있다[5].

5) 중국 북방 전통주택의 최소 주거단위는 방(房, 이하 방)이라고 부른다. 또 몇 개의 '방'들이 연결되어 있는 주동(일반적으로 일당양실 一堂两室)은 정방 正房 또는 상방 厢房 이라고 부른다. 이를 토대로 중정을 ㅁ자형, ㄷ자형으로 둘러싼 것이 이른바 사합원 四合院, 삼합원 三合院이다. 당실 堂室은 포멀한 공간임에 반해서 양측에 늘어선 방들은 가족의 침실이자 일상적인 생활영역이라는 점이 이러한 주거양식의 특징이라 할 수 있다. 또 '칸'이라는 공간은 예로부터 중국 북방에 전해 내려오는 바닥 난방이 설치된 공간으로, 크기는 '방'의 바닥면적의 거의 절반을 차지한다. 이 공간은 취침뿐만 아니라 식사, 휴식, 가사 등의 활동에도 이용되며, 손님을 '칸'이 있는 방으로 모시는 것은 한층 더 친밀함을 표현하는 것이기도 하다.

■ 접객接客 장면에서 본 주거환경

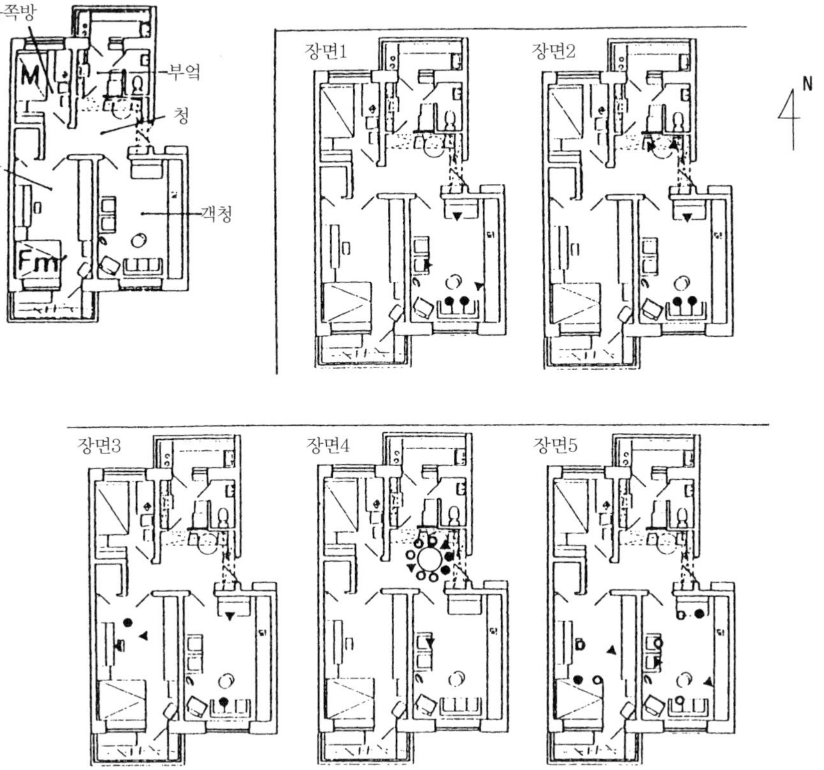

범례 : ▲가족 ● 특별 손님(조사자 2인) ○다른 손님

조사기간 : 1993년 9월 28일 17:00~21:45
준공연도 : 1983년 / 입주 : 1985년
건물층수 : 유닛형 5층 / 각 층 3세대
가족구성 : 남편(62), 부인(56), 손자(6)
입실시 신발탈착 유무 : 있음 / 장소 : 입구 바깥쪽
식사장소 : 가족끼리는 청, 손님접대 시 : 객청

장면 1 : 아버지는 친구부부와 이야기를 나누고 있고, 나는 아이들과 장난감을 가지고 놀면서 대화에 참여하고 있다.
장면 2 : 아버지는 친구 분과 계속 이야기를 나누고 있고, 나도 옆에서 대화에 참여하고 있다. 아주머니는 손자의 숙제를 도와주고 있다.
장면 3 : 아이들이 피아노를 쳐 준다.
장면 4 : 어른들의 술을 곁들인 식사는 꽤 시간이 걸리고 있고, 아이들은 객청에서 TV를 보고 있다.
장면 5 : 식사 후 남자들은 객청에서, 여자들은 옆방에서 이야기를 나누고 있다. 아이들은 객청에서 장난감을 가지고 놀거나 여자들이 있는 방을 들락날락하고 있다.

그림 2.6 중국 쉔양瀋陽시 가정에서의 행동장면 기록

조사 당시인 1990년대 초반 중국의 가정에서는 일본에 비해서 집에 손님을 초대하여 접대하는 일이 매우 잦았다. 중국에서는 이러한 접객행위가 주변사람에 대한 예의의 표현이고, 친분관계를 나타내는 하나의 방법이기도 하다. 또 어떠한 손님이 어떤 목적을 갖고 찾아왔는지에 따라서 체재시간도 다르며, 접객장소도 객청에 한정되지 않고 다양한 공간으로 확장되어 간다. 특히 중요한 손님이 올 경우에는 접객장소에 연연하지 않고, 주호 전체를 적절히 골라 사용한다. 그림 2.6은 필자와 조사자 1인이 필자 부친의 동료의 집을 방문했을 때 기록한 행동장면이다. 시간의 경과와 함께 가족과 손님의 행동범위는 객청에서 청으로, 청에서부터 아내와 아이가 자는 침실까지 확대되고 있다. 즉 친한 손님을 접대할 경우에는 장면(일상적인 대화, 식사, 마작, 또 다른 손님이 있을 때)에 대응해서 집안의 여러 공간을 적절히 선택하여 사용하고 있다.

■ 맺음말

이상과 같이 중국 도시집합주택에 있어서의 공간이용 행태를 보면 적용된 일본 집합주택의 계획개념들－식사공간과 침실의 분리 · 다이닝키친 설치 · 공사公私의 분리 등－ 과 실제 중국인들의 공간이용 행태 및 주생활 패턴에 큰 차이가 있었다. 각각의 결과를 요약하면 다음과 같다.

① 별실취침이 가능하고, 방에 여유가 있는 세대에서는 가족의 휴식과 친목도모를 위한 거실 및 식당을 두기보다 오히려 손님을 접대하기 위한 객청을 설치하는 경향이 있었다.

② 공간의 정해진 기능이나 가족구성원 개개인에 대응하여 공간이 구별 · 사용되는 것이 아니라, 개인의 행위목적과 장면에 맞게 공간의 선택과 이용이 이루어지고 있었다. 그 배경에는 자신의 개인적인 영역까지 다른 사람을 들임으로써 서로의 친분관계를 확인 · 유지시킨다는 전통적인 생활습관이 있고, 또 침대 주변에서의 생활행동도 반드시 프라이빗한 장면에만 한정되지는 않는다는 생활감각이 있다고 생각할 수 있다.

③ 객청을 제외하면 방의 명칭이나 이용행태는 공간의 기능과 반드시 결부되지는 않는다. 오히려 위치적인 측면으로 남쪽에 손님접대나 가족활동 등에 자주 사용되는 공간이 있고, 북쪽에 이러한 주공간을 보완하는 부공간이 있다는 영역구분으로 파악할 수 있다.

왕 칭(王 青)

2 '사물'이 투영하는 주거환경

– 일본 노인홈 사례

2.1절에서는 중국 도시집합주택을 대상으로 주거환경을 거주자의 '행동장면'으로 파악한 연구사례를 소개했다. 생활 속에서 전개되는 장면을 주의 깊게 관찰하고, 파악하고, 해석해 내는 일은 거주자의 실제적인 생활환경을 이해하고, 또 환경디자인상에 많은 시사점이 될 수 있다는 것을 실감했던 계기였다. 2.2절에서는 앞선 연구와 같이 실제적인 거주환경 파악을 목적으로 하면서, 거주환경 속의 '사물'에 주목한 분석연구 사례를 소개한다.

'사물'과 '행태' 사이에는 밀접한 관계가 있다. 그 점에서부터 설명을 시작하도록 한다.

■ '주거'라는 공간

1) 물건과 내 방

건강할 때 우리는 자신의 생각대로 행동할 수 있다. 매일 특별히 의식하는 일도 없이 주위의 모든 환경(물리적 환경, 타인과의 관계, 사회적 관계 등)과 상호작용하며 관계를 유지하고 있다. 이것은 매우 복잡한 프로세스임에 틀림없지만, 대부분의 사람들은 개의치도 않는다. 그리고 자신도 모르는 사이에 환경과의 상호작용이 층층이 축적되어, 그 사람다운 생활의 장을 만들어내고 있는 것이다.

이 사실은 자신의 방을 떠올려 보면 지극히 당연한 것임을 알 수 있다. 또는 당신이 대학생이라면 몇몇 교수님 연구실을 방문해보면 된다. 비슷한 형태와 규모의 방이 개인의 특성에 따라 꽤 다른 이미지로 되어있는 것을 발견할 수 있을 것이다. 이러한 그 사람다운 생활의 장을 설명하는 개념으로서 '전유화 專有化[5]'가 있다. 전유화는 단순히 여러 가지 물건이 만들어내는 기억의 중첩이기도 하지만, 추억이나 애착으로 연결되는 것이기도 하다. 이렇게 해서 장소의 의미가 발생한다.

예를 들어 감기에 걸리면 움직이는 것 자체가 귀찮아진다. 이런 경우 환경과 직접 관계를 맺는 것은 불가능하지만, '내 방'에서 회복될 때까지 꼼짝 않고 기다릴 수는 있다. 보통 쉬고 싶을 때 자신의 방이 가장 편안한 장소라고 말하는데, 이는 전적으로 꾸준히 쌓여온 '장소의 의미'를 스스로 인지하고 있기 때문이다.

방 안에는 일상생활을 영위하기 위해 존재하는 것이 있는가 하면, 과거의 중요한 기억을 상기시키는 기록적 성격으로 존재하는 것도 있다. 이들 모두는 체험과 시간성의 측면에서 자신과 강하게 결부되어 있기 때문에 우리는 자신의 장소에 편안히 있을 수 있는 것이다. 반대로 시간의 중첩이 오래되지 않았거나, 쌓여진 것이 거의 없는 환경은 당사자에게 있어서 매우 '낯선' 체험이 될 수도 있을 것이다.

2) 환경이행 環境移行과 위기적 이행 危機的移行

'낯선' 상황은 새로 이사를 하거나 직장을 옮기는 경우와 같이 생활환경에 큰 변화가 있을 때 발생할 확률이 높다. 이러한 체험되지 않는 공간에서 '나의 환경'의 의미는 극히 희박하다. 우리는 "새로운 환경을 접했을 때 익숙해지기까지 조금 힘들고, 시간이 걸린다"라는 말을 자주 듣곤 하는데, 여기에서 '익숙해진다'라는 말은 매일 그곳에서 사람·공간·사물들과 관계를 맺고, 서서히 그 의미가 축적되어 '나의 공간'으로서 의미가 생성된다는 것이다. 이렇듯 새로운 환경에 익숙해지고 자신의 환경을 재구축하기 위해서는 그곳에서 접하는 개인, 사회, 건물 등과의 관계형성 노력이 필요하고, 상당한 체력과 기력도 필요하다고 생각된다.

대부분의 사람들이 위와 같은 프로세스를 경험하면서 환경과의 새로운 관계를 구축하고, 그 '낯선' 상황으로부터 벗어나게 된다. 그러나 환경의 변화가 매우 크거나 다양한 경우에는 이 '익숙해진다'는 것이 불가능할 때도 있다. 이러한 경우 사람들은 새로운 환경 속에서 당황하게 되고, 스트레스에 방치되어 정신적 혼란을 겪게 된다.

일상에서 발생하는 다양한 일들이나 위치적 이동에 따른 환경변화를 [환경이행 環境移行[6]]이라고 부른다. 또 새로운 환경에서 자신의 환경을 재구축하기 힘든 상황을 [위기적 이행 危機的移行[6]]이라고 한다. 서두에서 예를 든 [낯선] 상황은 바로 이러한 위기적 이행을 의미한다.

3) 환경디자인

이러한 측면에서 생각해 보면 주거란 사람들이 행동하고, 그 결과로서 형성되는 그 사람다운 장 場을 담는 그릇이라고 할 수 있다. 거주자에게 풍요로운 환경을 제공하는 것이 디자인의 지상목표라고 한다면, 디자이너의 일은 거주자의 일상생활 행동을 유지시키기 위한 공간디자인에만 그치지 않을 것이다. 매일매일 주변 환경들과 상호작용하면서 자신다운 생활의 장을 구축할 수 있도록 지원하는 일도 디자이너의 몫이라 할 수 있다. 이런 의미에서 일상 속에 존재하는 거주자들의 실제적 체험을 이해하는 것은 디자인하는 것 이상으로 중요한 것이 아닐까?

■ '사물'과 생활행태

주거는 거주자의 일상생활의 표현이고, 생각이 채워지는 장소이다. 그렇기 때문에 '내 방'에는 어떠한 힘이 존재하고, 새롭게 '내 방'을 구축하는 데에는 그 나름대로의 에너지가 필요하다. 이렇듯 어느 공간의 주 사용자가 만들어내는 생활의 중첩은 선택된 가구나 사물, 그 배치방법, 방의 정리방식 등 다양한 곳에서 확인할 수 있다. 그래서 우리는 그 공간을 힐끗 들여다보는 것만으로도 그 사람의 일상활동을 상상할 수 있다. 잡지에 실린 어느 유명인사의 주택에 관한 기사가 재미있는 것은 어쩌면 그러한 보이지 않는 생활의 부분을 상상할 수 있기 때문일지도 모른다. 즉, 주거환경의 풍경은 그것을 구성하고 있는 다양한 '사물'들의 표상이고, 이것은 거주자의 일상생활 행태나 거주자에게 있어서의 환경의 의미를 해독하는 힌트가 된다.

앞선 중국 주거의 사례는 실제 일상 속에서의 '행동장면'에 착안했지만, 본 연구에서는 주거환경을 구성하는 '사물'에 주목하고자 한다. '사물'은 앞에서 언급한 것과 같이 '행태'가 투영된 매체라고도 할 수 있기 때문이다.

1) 사물과 전유화 專有化

우리는 다양한 사물에 둘러싸여 살고 있다. 일상의 즐거움을 위한 사물도 있고, 테이블이나 식기와 같이 일용품으로써의 사물도 있다. 또 다른 무엇과도 바꿀 수 없는 추억으로써의 사물도 있다. 이와 같이 다양한 의미를 가지고 있는 사물들은 어떤 장소가 '내 방'처럼 되어 가는 것, 즉 '전유화'에 큰 역할을 하고 있다[5]. 이것은 노인홈 등으로 환경이행을 한 사람에게 있어서 "이전까지 사용했던 물건들을 그대로 가져가는 것이 노인홈이라는 새로운 환경에 잘 적응할 수 있도록 도와준다"라는 오오하라 大原[7]와 토야마 外山[8]의 주장에 의해서도 뒷받침된다. 정든 집을 떠나 노인홈 등으로 옮길 때에 발생하는 스트레스는 말로 다 표현할 수 없고, 자칫하면 위기적 이행으로 이어질 수 있다. 가능한 한 빨리 그곳이 '나의 장소', '내 방'에 가까워지도록 해야 한다.

새로운 환경에 있어서 쉽게 전유화가 가능하다는 것은 정신적 · 신체적으로 큰 의미를 가지는데, 바로 이 '사물'들에 그러한 '전유화'를 지원해주는 무한한 잠재력이 내재되어 있다고 할 수 있다.

2) '사물'과 생활행동

주거 속에 존재하는 다양한 사물은 그 거주환경의 질적 수준을 추량하는데 충분한 정보를 가지고 있을 것이다. 그러나 이들 사물을 매개로 한 분석연구에 있어서는 현실에 존재하는 수많은 사물들을 어떠한 분류기준으로, 어떻게 분석해야 하는가가 중요한 문제가 된다.

미국의 사회학자인 Csikszentmihalyi와 Rochberg-Halton(1981)[9]은 이렇게 다종다양한 사물들을 '육체에 의한 활동'과 '정신에 의한 활동'으로 이분화시켜 분석하였다. 이들은 미국인들이 자택에 소유하고 있는 물건 중에서 특별하게 생각하는 물건, 좋아하는 물건은 무엇일까에 관한 조사연구를 실시하였는데, 이것이 그 분석에 사용된 카테고리 중 하나이다.

이 분류방법은 인간의 생활을 '활동적 생활 Vita actiiva[10]'과 '관조생활 Vita contemplative[6]'로 분류한 Hanna Arendt의 연구와도 깊은 관련이 있는데, Csikszentmihalyi와 Rochberg-Halton 역시 Arendt가 말하는 활동적 생활과 내면적 사고생활의 2가지 측면에서 사물에 의한 환경의 질을 설명하고자 했다.

이것은 매우 심플하고 자연스러운 분류이다. 그들은 '육체에 의한 활동'에 관한 사물을 'action objects', '정신에 의한 활동'에 관한 사물을 'contemplation objects'라는 용어로 표현했다. 예를 들면, 침대나 테이블 등의 가구, 가전제품이나 스포츠를 위한 기구 등이 action objects이고, 사진이나 그림, 보석품 그밖에 추억에 관련된 물품 등이 contemplation objects이다. 이러한 분류기준을 토대로 한 조사결과를 살펴보면 아이들은 스포츠용품과 같이 매일매일 사용하고 자신들의 성장발달과 직접 관계를 맺고 있는 action objects를 예로 드는 경우가 많았고, 성인들은 특별하게 생각하고 있는 사물들의 카테고리가 contemplation objects인 경우가 많았다.

본 연구에서는 이러한 인간의 기본적인 생활특성을 근거로 한 위의 분류기준을 일본의 노인홈을 대상으로 적용시켜 보았다. 그리고 여기서 action objects는 '행위대상 行爲對象'으로, contemplation objects는 '관상대상 觀賞對象'으로 표현하기로 한다.

'사물'이 투영하는 노인홈의 거주환경

앞에서 설명한 바와 같이 노인홈으로의 환경이행은 '위기적 이행'이 되기 쉽다. 본 연구에서는 이러한 위기적 이행에 직면해 있거나, 또 이로부터 벗어나기 위해 노력하고 있는 거주자의 상황을 '사물'에 초점을 맞춰 파악하고자 한다[11]. 이러한 조사를 통해서 위기적 이행을 극복할 수 있는 새로운 단서를 얻을 수 있을 것이다.

여기에서 채택한 특별양호 노인홈은 정원 50명(조사 당시 입주자는 61세부터 94세까지 46명)으로 1994년 완전 개실형으로 개설되었다. 개설 당시는 최초로 적용된 완전개실형 노인홈으로써 주목받았던 시설이다. 또 입주자 중 44명은 13.9㎡의 개인실을 사용하고 있었고, 2명은 이보다 큰 22.1㎡의 개인실을 사용하고 있었다.

본 장에 실린 조사데이터는 개설 후 약 2년이 경과된 시점의 결과물들이다. 개설 직후부터 조사는 꾸준히 실시되었는데, 노인홈이라는 낯선 환경으로 이동하여 어느 정도 안정을 찾고 있다고 판단된 시점에서의 결과인 것이다[12]. 단, 본 조사에서는 거주실의 사물들(가구나 그 밖의 물품 전부)의 상황을 자세히 파악할 수 있도록 구체적인 부분까지 사진촬영을 했지만, 촬영되지 않는 것들은 분석대상에서 제외되었다.

1) 노인홈에 존재하는 사물의 분류

Csikszentmihalyi와 Rochberg-Halton의 연구[9]는 세대의 구분 없이 각 거주자들에게 있어서 '특별한 물건'이 무엇인가를 파악하고자 했던 연구였다. 때문에 조사를 통해 파악된 데이터는 주거에 있는 대부분의 물품은 포함하고 있었지만, 일용품이나 식품 등 극히 일상적인 물품을 포함되지 않았다(표 2.3). 그러나 본 조사에서는 주거환경을 포괄적으로 살펴보는 것에 주안점을 두었기 때문에, Csikszentmihalyi의 분류기준에 새로운 항목들을 보충하여 재 유형화를 실시하였다. 이에 행위대상은 '무언가를 하기 위해 사용하는 대상'으로, 관상대상은 '보거나 지긋이 응시하거나 추억을 상기시키는 대상'으로 재정의하였다[6].

표 2.3은 조사대상 노인홈의 전 거주실에 있었던 사물들을 행위대상과 관상대상으로 분류한 결과이다. 노인홈의 거주실이라는 한정된 환경이었지만, 총 258종류, 2,015개의 물건이 조사되었다. 그 중 행위대상은 1489점(전체의 74%), 관상대상은 524점(전체의 26%)이었다.

---

6) 관조대상과 관상대상 : Csikszentmihalyi의 연구는 '특별한 물건'을 대상으로 하고 있는데, 분류 카테고리 contemplation objects는 Arendt의 관조(contemplative)를 의식하여 '정신적인 대상'으로 정의하고 있다. 그러나 본 연구는 노인홈 거주실에서 관찰되는 전 소유물을 대상으로 하고 있기 때문에 미적인 물건, 추억이 깃든 물건보다는 광범위하게 '보는 대상'으로 정의하고자 하며, 관상대상이라는 용어를 사용하였다.

표 2.3 사물의 카테고리 일람 및 조사대상자의 소유상황

Csikszentmihalyi 등의 행위 대상 분류	조사에서 파악된 행위대상 분류	소유 인수	소유 총수	Csikszentmihalyi 등의 행위 대상 분류	조사에서 파악된 행위대상 분류	소유 인수	소유 총수
–	시설비품/가구	46	270	–	일상 소모품	42	142
–	의자류	22	35	–	건강기구/약 등	17	29
–	테이블류	7	10	–	식기/식품 등	32	99
–	수납용품/가구	38	217	–	종교관계	2	2
–	화장대	2	2	–	침 구	19	39
침 대	침 대	46	46	스포츠용품	–	0	0
악 기	–	0	0	카메라	–	0	0
T V	T V	20	21	장난감	장난감	4	4
스테레오/테이프	스테레오	1	1	인 형	인 형	12	21
오디오	라디오	7	7	의 류	의 류	37	120
식 물	식 물	11	18	난 로	–	0	0
애완동물	–	0	0	목욕통	–	0	0
수 조	수 조	1	1	그 밖의 물건	그 밖의 물건	14	17
전기기구	전기기구	6	6	자전거 등의 탈 것	–	0	0
냉장고	냉장고	10	10	전 화	–	0	0
(도 구)	일상용품	45	372				
비주얼 아트	선물 받은 그림 등	20	33	–	상 장	11	19
조 각	종이접기 등의 장식	42	134	킬트/직물	킬트/커버류	9	14
컬렉션	–	0	0	유리컵	–	0	0
책	책	11	78	양 초	–	0	0
사 진	사 진	23	31	–	꽃	34	62
–	앨 범	34	36	–	달 력	34	46
접 시	–	0	0	–	종교관계	7	17
은(銀)제품	–	0	0	–	편 지	2	3
유리컵	–	0	0	–	그 밖의 물건	2	4
–	시 계	39	47				

2) 행위대상 action objects의 소유

① 자립도와 행위대상의 소유

46명의 거주자를 대상으로 한 행위대상 소유수는 최소 10개부터 최대 84개까지 다양하게 분포되어 있었고, 평균 소유수는 32개였다. 행위대상의 소유수는 일상생활 행위의 자립도에 따라 차이가 있는 것으로 조사되었다. 비교적 자립도가 높은(고ADL : Katz scale13) A~C) 거주자가 22명, 자립도가 낮은(저ADL : Katz Scale13) D이상) 거주자가 24명이었는데, 고ADL 거주자군의 평균이 저ADL 거주자군의 평균보다 10배 이상 높았다.(고ADL군 : 32개, 저ADL군 : 20.4개). 게다가 Kats Scale 만점 거주자 13명의 평균은 45.4개로 조사되었다.

즉, 자립도가 높은 사람일수록 '무언가를 하기 위해 사용하는 대상'을 많이 소유하고 있는 경향이 강하다는 것을 알 수 있다. 실제 각 거주자의 행위대상 소유수와 ADL 정도를 득점화[7]한 점수 사이에는 상관관계가 인정되었다(r=0.6555)(그림 2.7).

② 행위대상의 특징

이 카테고리에 포함되는 물건 중에서 소유자율(소유자수/총 거주자수)이 높은 물건은 일용품(45명), 일용소모품(42명), 의류(37명), 식품(32명) 순이었다. 이 항목 이외의 물건들은 소유자율과 소유수가 상대적으로 적게 나타났다. 또 일용품과 수납용품의 소유개수와 ADL 정도 사이에는 높은 상관관계가 있었다(r=0.672, r=0.653). 하지만 식품의 소유개수와 ADL 정도의 상관관계는 낮았는데(r=0.442), 소유자율이 높게

---

7) Katz의 ADL 스케일 : ADL 득점은 다음 여섯 개의 행위항목에 대해서 자립(3점), 일부보조(2점), 완전보조(1점)의 점수를 합계한 것이다.
스케일 A : 식사, 배설 컨트롤, 이동, 화장실 사용, 탈의, 입욕 전부 자립
스케일 B : 상기 한 항목 이외에는 모두 자립
스케일 C : 입욕과 다른 한 항목 이외에는 자립
스케일 D : 입욕, 탈의와 다른 한 항목 이외에는 자립
스케일 E : 입욕, 탈의, 화장실 사용과 다른 한 항목 이외는 자립
스케일 F : 입욕, 탈의, 화장실 사용, 이동과 다른 한 항목 이외에는 자립
스케일 G : 여섯 항목 모두 보조를 요함
스케일 H : 두 항목 이상의 보조를 요하지만, 스케일 C, D, E, F 같은 분류는 아님

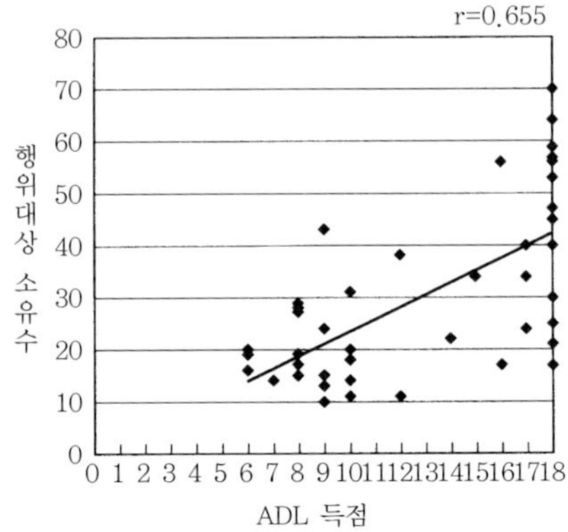

그림 2.7 행위대상 소유수와 ADL 정도의 상관관계

나타난 것에 비춰보면 식사는 ADL 정도에 관계없이 일상적으로 행해지는 행위라는 것을 알 수 있다.

수납용품은 가구나 클리어박스와 같이 수납을 목적으로 한 박스형 물건과 목욕탕에서 사용하는 보자기나 종이봉지 등 일시적으로 담는 간이수납용품으로 구분된다. 흥미로운 것은 가구, 박스형 수납용품과 ADL 정도의 상관관계는 낮았지만(r=0.316, r=0.455), 간이수납과 ADL 정도의 상관관계는 매우 높았다(r=0.703)는 점이다(표 2.4).

표 2.4 수납용품의 종류별 소유수와 ADL 정도의 상관관계

	가구	박스형 수납용품	간이수납 (의류, 보자기 등)	수납용품 전체
	N=43	N=83	N=91	N=217
ADL 정도와의 상관관계	r=0.316	r=0.455	r=0.703	r=0.653

이 결과로부터 가구나 클리어박스 등은 ADL 정도에 관계없이 대부분의 사람이 사용하고 있고, 간이수납용품에 자신의 소지품을 보관하는 사람들은 자립도가 높다는 것을 확인할 수 있었다. 자립도가 높다는 것, 수납용품을 많이 소유하고 있다는 것은 '무언가를 하기 위해 사용

하는 대상'이 그만큼 많다는 것을 반복적으로 나타내고 있다.

3) 관상대상 contemplation objects의 소유

① 자립도와 관상대상의 소유

관상대상은 행위대상과 비교했을 때 1인당 소유수는 적게 나타났고, 평균 소유수는 행위대상의 약 1/3인 11개였다. 또 각 거주실에서 관찰된 관상대상 수는 최소 2개에서 최대 55개까지 행위대상과 마찬가지로 개인차가 컸다. 그러나 저ADL군과 고ADL군의 소유수 차는 행위대상의 경우보다 적었고, 관상대상의 수와 ADL 정도의 상관관계는 행위대상의 경우보다 낮게 나타났다(r=0.509)(그림 2.8). 그리고 ADL 정도가 낮은 사람은 전체적으로 소유수가 적다는 것, 특히 ADL 정도가 높은 사람(18점)과 소유수의 관계에서 불규칙 분포가 크다는 것은 행위대상 결과와 비슷한 경향이었다.

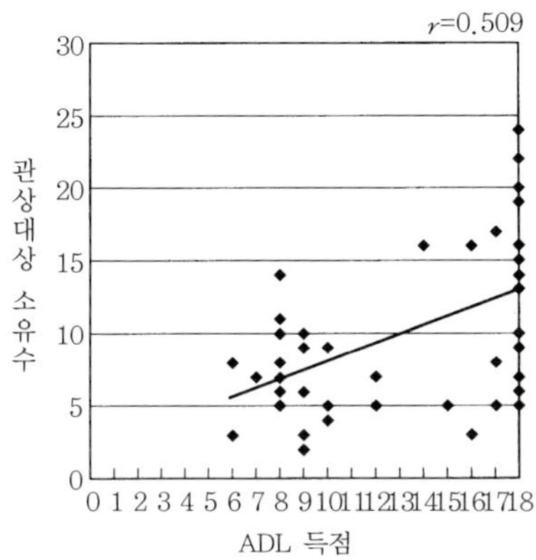

그림 2.8 관상대상 소유수와 ADL 정도의 상관관계

② 관상대상의 특징

조사대상 노인홈에서 관찰된 관상대상은 Csikszentmihalyi와 Rochberg-Halton가 생각하는 과거의 기억이나 개인적인 가치에 관련된 관상대상(컬렉션, 사진 등)은 적었다. 또 각 거주실에는 인근 초등학교 아이들이 보낸 선물이 전 관상대상의 1/4을 차지하고 있었는데, 조각과 같은 경우는 134점 중 41.8%에 해당하는 56점이 선물로 받은 물품이었다. 당연한 결과일지도 모르지만 거주자가 받은 이러한 물건의 수와 ADL 정도 사이에는 상관관계가 없었다. 그 밖에 꽃, 시계, 달력을 소유하고 있는 사람이 많았고, 이 3항목의 소유수는 전체의 약 30%를 차지하고 있었다. 그 다음으로는 사진이 많았고, 자녀나 손자, 죽은 배우자의 사진을 장식하고 있는 거주자는 23명이었다.

또 관상대상의 소유수가 많은 사람은 책이나 자신의 작품 등 취미에 관련된 물건과 자신의 기호를 반영한 물건들을 비교적 많이 소유하고 있는 것으로 나타났다.

'Ꮇ물'이 투영하는 주거

1) 환경이 내포하는 가능성

조사결과에서 나타난 행위대상 수와 ADL 정도의 유의미한 상관관계는 어쩌면 지극히 당연한 결과라고 할 수 있다. 자립도가 낮고, 활동의 종류와 양이 적으면 소유하고 있는 물건도 적다는 것이다. 여기서 잠시 각자의 '내 방'을 생각해 보자. 우리는 할 수 있건 없건, 하고 싶건 하고 싶지 않건 '그 모든 수납장 안에 있는 물건'을 언제든 꺼내서 사용할 수 있다. 이것은 그 공간에서 어떤 행위가 발생할 가능성을 '사물'의 존재가 담보하고 있기 때문이다.

신체적 노화로 인해 노인홈으로 환경이행을 하는 사람들이 스스로 자신의 물건들을 준비하는 것은 매우 어려운 일이다. 게다가 일상적인 활동마저 축소되어 있으면 최소한의 물품만을 가지고 입주하게 된다. 조사결과는 그러한 상황을 여실히 보여주고 있다. 하지만 신체의 운동능력만으로 그 사람의 행위대상 소유경향을 한정짓는 것은 그 당사자들이 갖고 있는 생활의 가능성을 애초부터 한정해 버리는 것이다. 또 이것은 개개인의 생활의 질을 향상시키고, 능력의 향상 가능성을 환경적으로 지원한다는 사고방식에 상반되는 것은 아닐까(그림 2.9).

그림 2.9 주거 안에서의 '내 방'과 노인홈의 거주실

좌측 사진 : 동경의 서민주택가에서 60년 가까이 살아온 어느 노부인의 자택 거주실
우측 사진 : 조사대상 노인홈에 살고 있는 ADL이 낮은 고령자의 거주실(2003년 촬영)
ADL이 저하된 고령자가 노임홈으로 이주한 경우 자택에서 살던 때와 비슷한 기분으로 살 수 있는 「거주환경」을 만들어내는 일은 무척 힘든 일임을 상상할 수 있다.

2) 거주환경의 풍경

행위대상은 노인홈에서 살 경우 생활행동을 풍요롭게 한다는 의미에서 중요하다. 조사결과에서도 각 거주실이 자아내는 풍경은 주로 크고 작은 행위대상 즉, '사물'을 중심으로 형성되어 있었다. 이러한 '사물'이 만들어 내는 '풍경'은 주거로서의 노인홈에 어떠한 영향을 미치고 있을까.

① 수납용품과 가구

Goffman(1974)[14]은 물리적 기능뿐만 아니라 경험적 생활공간을 구성하기 위한 '프레임'의 하나로 가구의 의미를 지적하고 있다. 본 조사에서 거주자의 상당수는 시설부속의 장롱이나 클리어케이스 등의 수납용품을 주로 사용하고 있었고, 자택에서 사용하던 가구를 가지고 들어오는 예는 많지 않았다.

고프먼 Goffman이 지적하는 바와 같이 자택에서 가져온 가구는 그 사람의 생활의 연속성을 시각적 · 심리적으로 연결시켜줄 수 있다. 하지만 실제로는 클리어케이스 등의 박스형 수납용품이나 일시적인 간이수납용품의 사용이 많고(그림 2.10), 이것이 실내의 풍경을 특징지어 버리는 결과가 되었다.

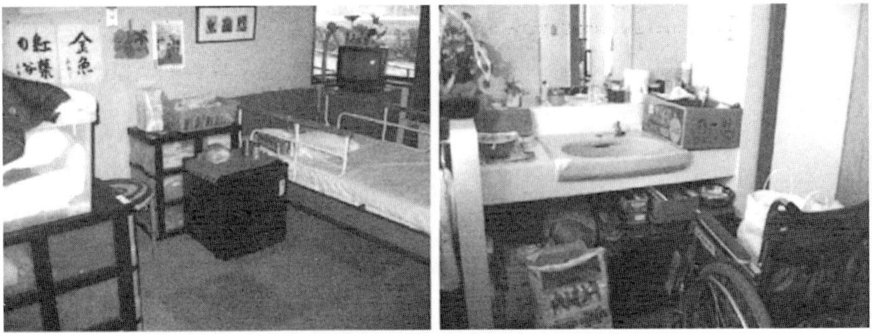

그림 2.10 수납용품이 만들어 내는 노인홈의 실내풍경

양쪽 모두 ADL이 높고, 대부분의 일상생활을 자립적으로 할 수 있는 고령자의 거주실. 거주실 내에 물건들이 많이 놓여져 있는데, 수납케이스 및 수납상자들의 이용이 눈에 띈다.

② 노인홈과 관상대상

조사대상 노인홈에서는 각 거주자의 추억이 되거나 기억의 실마리가 되는 관상대상보다도 주변 사람이나 이웃에게 받은 수제품 등이 눈에 많이 띄었고, 거주실의 분위기에도 다소 영향을 미치고 있었다.

관상대상도 행위대상과 마찬가지로 ADL 정도가 낮은 사람은 전체적으로 소유수가 적었다. ADL 정도가 높은 군에서는 사람에 따라서 꽤 불균형한 분포를 보였는데, 관상대상은 일상생활과 직접적인 관계가 덜하다는 점에서 미루어보면 개인의 기호에 따르거나, 거주실을 연출하고자 하는 본인의 의지 정도가 반영된 것으로 생각할 수 있다. 그것은 한편으로 '시설' 거주를 어떻게 인식하고 있는가의 차이인지도 모른다.

치매와 '사물'의 소유

치매는 노인홈에 있어서 거주실의 환경에 어떠한 영향을 미치고 있는 것일까? 치매의 정도를 나타내는 Barger(1980)[15]의 스케일[8]을 이용하여 행위

8) Barger의 치매 스케일(지적장애의 정도)
스케일 1 : 어떤 환경에도 자립하지만, 건망증 탓에 일상생활이 번번이 혼란스러워진다.
스케일 2 : 익숙한 환경은 지도감독 없이 적절히 행동할 수 있다.
스케일 3 : 익숙한 환경에서도 지도감독이 필요하지만, 지시만으로 적절히 행동할 수 있다.

대상 · 관상대상 각각에 대한 소유수와의 상관관계를 조사한 결과 ADL 정도의 경우와 유사한 경향을 보였다. 즉, 치매 정도가 심할수록 거주실 내의 '물건'의 수는 적은 것으로 나타났다. 조사대상자의 ADL 정도와 치매 정도 사이의 강한 상관관계(r=0.797)가 이것을 설명해주고 있다(그림 2.11).

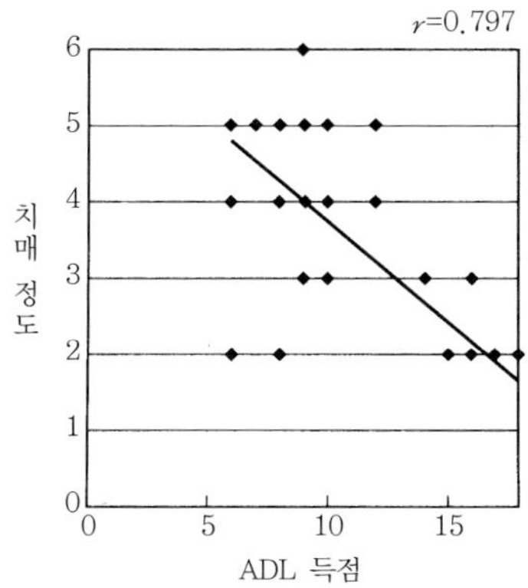

그림 2.11 치매 정도와 ADL 정도의 상관관계

주택에서는 치매의 정도에 관계없이 신체 주변에 다양한 물건들이 존재하는 것에 반해서, 적어도 이 조사에서는 치매 정도와 물건의 소유수가 노골적인 부(−)의 관계를 나타내고 있었다. 즉, ADL 정도가 높고 치매의 경향이 없는 경우와 ADL 정도가 낮고 치매 정도가 높은 경우는 '물건'의 소유수에 있어서 양극화되는 경향이 강하다. 이러한 환경 속에서 치매를 갖고 있는 거주자가 어떤 일상적인 행동을 할 때(그것이 어떠한 행위인지는 잘 판단할 수 없는 경우라고 해도) 당사자에게 있어서는 '물건'의 부족이 절실하게 느껴질 것이다. 이것은 치매 고령자에게 있어서 일상행위의 가능성의 축소라는 점에서 문제가 된다(그림 2.12).

스케일 4 : 지시만으로 적절히 행동하는 것이 불가능하고, 보조를 요한다.
스케일 5 : 걸을 수 있지만 생활 전반에 보조가 필요. 의미가 있는 대화가 성립되지 않는다.
스케일 6 : 거동할 수 없고 침대 위에서 생활, 또는 의자에 앉힐 수 있을 뿐.
※ 본 조사에서는 거의 증상이 없는 사람도 [스케일 1]에 포함하였다.

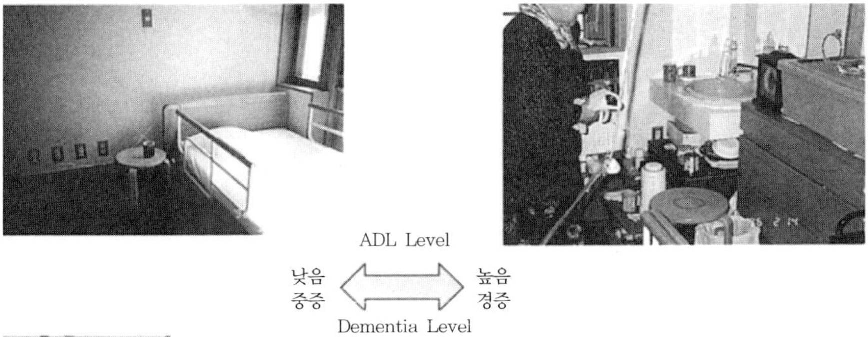

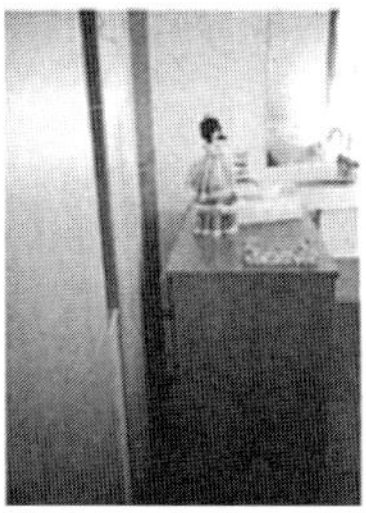

일상생활에 관련된 「물건」이 이용되고 있는 상황도 생활의 질을 파악하는 경우에는 중요한 조건이라고 말할 수 있다. 우측 사진은 모든 생활행위를 자립적으로 할 수 있고, 집에서 쓰던 상당수의 개인물품을 노임홈으로 가지고 들어온 입주자의 거주실. 좌측 사진은 치매증상이 서서히 진행중이고, ADL도 서서히 저하되고 있는 입주자의 거주실.(1996년 촬영)

그림 2.12 ADL · 치매 정도와 거주실 내의 물건들

또 하나의 디자인 개념 – 환경행동 지원

'사물'을 매개로 해서 노인홈의 거주환경을 파악한 결과 ADL 정도와 치매 정도에 따라서 생활행위가 한정되는 환경임을 알 수 있었다. 이에 반해서 오랫동안 살아온 자택은 다양한 가능성이 충만한 장소임을 알 수 있다(그림 2.9).

'사물'은 생활활동을 투영하는 대상이다. 어떤 '사물'의 존재는 그것을 매개로 한 생활행위의 가능성을 시사하고 있다. 주거와 노인홈 사이에는 이러한 가능성을 지원하는 환경에 큰 차이가 존재한다는 것을 이 조사를 통해 확인할 수 있었다. 이 차이를 줄이기 위해서 '환경디자이너'가 할 수 있는 일에는 어떠한 것이 있을까?

우선 다양한 가구와 물건을 들여오기 쉬운 '형태'로 디자인하는 것이 그 해결책 중 하나일 것이다. 그러나 디자인이 좋은 건물이라도 사는 사람이 익숙하게 사용할 수 없다면 그 효과는 바랄 수 없다. 여기서 바로 개인의 환경과의 관계, 즉 환경행동 그 자체를 지원하는 것을 생각할 수 있다. 예를 들면 노인홈으로 이주하는 사람에게 가지고 갈 물건과 실내의 배치를 당사자가 길러온 생활양식을 고려해서 제안하는 방법이다.

신체가 쇠약해지는 상황에서는 적극적인 활동이 힘들고, 결과적으로 '환경행동의 체력'이 감퇴된다. 따라서 이러한 사람들의 생활의 질을 향상시킬 수 있는 '환경행동 지원'방법을 진지하게 고민하는 것도 환경디자이너의 역할이 아닐까 생각한다.

코가 토시에(古賀 紀江)

3 시간과 함께 성장하는 주거환경

-필리핀 마닐라 교외의 코어하우징 Core-Housing

건설되는 주택의 대부분은 지어진 순간이 가장 질적으로 우수하다고 할 수 있다. 그 후 시간이 흐르면서 점점 열악해지고, 다시 건설 초기의 성능을 회복·유지하기 위해서 다양한 노력을 기울이는 것이 일반적이다. 이러한 보편적 상황 속에서 시간의 흐름에 따라 점점 성장하는 듯한 건물계획이나 거주방식은 좀처럼 찾아보기 힘들다. 특히 집합주택과 같은 경우에는 입주 후의 증·개축-거주자의 질적 개선을 위한 노력-이 주택의 자산가치 소모로 간주되는 경우도 있다. 최근에 들어서 컨버전(건물용도 전환)과 같은 개념이 주목받고 있지만, 역시 주택은 성장·변화하는 것이 아니라는 인식이 일반적이다.

여기서 본 장에서는 필리핀 마닐라 교외에 있는 '중·저소득층이라도 입주 가능한 주택', '거주자의 상황에 맞게 자신이 증축할 수 있는 주택'이라는 컨셉으로 지어진 테라스하우스형 집합주택단지를 사례로 들고자 한다. 물론 문화적·경제적 배경이 다른 필리핀 사례와 비교하는 것이 타당하다고는 할 수 없지만, 일본에서는 거의 적용된 적이 없는 사례로 무엇보다 '시간과 함께 주거환경이 변화·성장해 가는' 것을 처음부터 계획에 포함한 사례로써 평가하고자 한다(그림 2.13).

[Sites and Services]와 코어하우징

제 3세계의 많은 도시에서는 세계 2차 대전 후, 특히 1950년대부터 급격한 도시로의 인구유입이 진행되었는데, 당시에는 이에 대응할 수 있는 적절한 사회기반시설 Infrastructure이 미정비되어 있었기 때문에 대량의 불량 주택

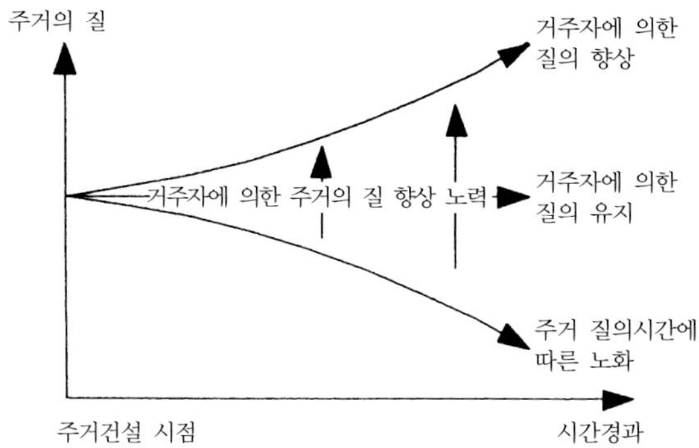

그림 2.13 시간과 함께 주거환경이 성장하는 주택 개념도

가와 불법거주자 지구[9])가 생겨났다. 이에 공공 정부기관에서는 불량주택가 재개발정책 Slum clearance을 마련하여 이를 기초로 한 공공 재개발주택 건설에 박차를 가했다. 하지만 이러한 재개발정책은 재정적 부담도 컸고, 기존 거주자가 권리를 다른 사람에게 양도하는 경우가 자주 발생하면서 결과적으로 서민보다는 고소득층이 이 재개발 주택을 소유하는 등의 문제가 발생되었다 gentrification.

이에 국제연합조사단의 찰스 에이브람 Charles Abrams은 이러한 불량주택가 재개발정책은 오히려 빈민층을 위한 주택 스톡을 감소시키고, 그들을 도시에서 몰아내는 행위라고 강하게 비판하였다. 또 그는 남아시아에서 산발적으로 진행되고 있었던 [Sites and Services]가 지금 상황에 가장 유효한 주택공급방식이라고 평가했다[16]). 이러한 새로운 주택공급방식에 대한 어프로치는 1970년 전반부터 세계 각국에서 광범위하게 받아들여졌다.

[Sites and Services]라는 새로운 주택공급방식은 수도 · 상하수도 · 전기 등과 같이 거주에 필요한 최소의 사회기반시설만이 정비된 부지를 공급하고, 주택은 거주자 자신의 자력건설에 위임하는 주택공급방식이다. 이러한 방식은 정부의 저가주택공급방법에 대한 심사숙고가 큰 동기부여가 되었다는 사

9) 스쿼터 Squatter란 일반적으로 '불법거주자'를 의미하고, 공유지나 개인 소유지에 '위법'으로 거주하는 사람들을 지칭한다. 그들이 살고 있는 대다수의 지역이 '슬럼'이라고 형용되는 불량주택지구이다.

실은 부정할 수 없다.

또 이에 수반된 코어하우징 Core-Housing이라는 주택개념은 바닥 · 벽 · 지붕 · 화장실 · 부엌 등 최소한의 설비만을 갖춘 코어하우스를 공급하고, 입주 후 거주자가 자신의 가족구성이나 경제상황에 맞게 칸막이를 증설하거나 증 · 개축할 수 있는 방식이다.

이러한 새로운 주택공급방식에 있어서 거주자가 주택건설 프로세스에 참여한다는 것에 가치를 두고, 거주자의 자율적인 환경생성능력 · 환경조절능력의 중요성을 지적한 한 사람이 영국 건축가 존 터너 John. F. Turner이다. 그는 그의 저서 ≪Freedom to Buil≫와 ≪Housing by People≫에서 불량주택가는 도시가 성장해 가는 과정에서 필연적으로 발생하는 자연스러운 현상으로 거주자의 자조노력 self-help에 의한 주택건설 · 주택개선이 중요하다고 지적하고 있다[17,18]. 여기서 중요한 점은 단순히 저가주택을 만드는 게 아니라는 것이다. 존 터너가 주장하는 바는 거주자에게 우선적으로 토지 소유권을 부여함으로써 보다 안정적인 환경에서 주택건설 프로세스에 참여할 수 있도록 하고, 주택건설 및 관리는 향후 주체적으로 시행하게 하여 자신의 주거와 마을에 애착과 긍지를 갖게 하자는 것이었다.

[Freedom to Build]

이러한 존 터너 사상과 같은 맥락을 유지하고 있던 전 예수회 신부 윌리엄 키스 William J. Keyes는 1976년 필리핀 마닐라 수도권에 저 · 중소득층을 위한 건설회사를 설립하였는데, 이 회사이름이 바로 존 터너의 저서명을 딴 'Freedom to Build'이다.

필리핀은 소득격차가 큰 편인데 당시 일반 민간건설회사는 소득계층 상위 15%의 극히 부유한 층만을 대상으로 하고 있었고, 반대로 정부 주도의 공적주택은 저소득층만을 대상으로 하고 있었다. 게다가 그 공급량도 절대적으로 부족해서 국민 대부분이 자력건설에 가까운 형태로 자신의 주택을 건설하고 있었다. 이러한 상황 속에서 [Freedom to Build]는 사업 이익률을 10%로 억제하여 정부로부터 세금 우대조치를 인정받는 공익단체로써 등록되었고,

이후 본격적으로 중 · 저 소득층을 대상으로 한 주택건설을 추진해 나갔다.

[Freedom to Build]의 초기 사업은 1976년부터 정부주도로 시작된 불량주택가 재개발정책 Slum clearance · [Sites and Services] 사업에 있어서 저가 재료(규격품)의 공급과 그 기술적인 서포트였다. 그 후 1982년부터 저 · 중 소득층(소득계층의 35~60%)을 대상으로 한 데라코스타 프로젝트 De La Costa Housing Project라 불리는 코어하우징 사업을 시작으로 본격적인 사업에 착수하게 된다.

데라코스타 프로젝트

데라코스타 프로젝트는 1982년 데라코스타 I 을 시작으로 2007년 현재 4개의 지역이 완성되었고, 5번째 지역은 건설 중이다(표 2.5).

표 2.5 데라코스타 프로젝트의 개요(V는 2003년 현재)

프로젝트명	건설기간	개발 총면적	호 수
데라코스타 I	1982 - 1987	5.2ha	542호
데라코스타 II	1987 - 1992	20ha	2100호
데라코스타 III	1992 - 1996 1998 - 1999	14ha	1728호
데라코스타 IV	1996 - 1998	10ha	1100호
데라코스타 V	2001 -	22ha	2500호

데라코스타 프로젝트 I 은 마닐라시 근교 Ateneo de Manila University 주변의 저소득 근로자를 대상으로 실시되었지만, 그 후 일련의 프로젝트에서는 거주자를 일반 모집하는 방식으로 진행되었다.

이 프로젝트는 시중금리보다 훨씬 저렴한 정부주택융자를 알선해 주고 있다. 이것은 저 · 중소득층이 민간은행에서 주택자금을 대출할 경우 높은 금리에 대한 부담, 담보문제, 복잡한 수속절차 등 현실적인 어려움이 많았기 때문이다. 또 얼마 안 되는 돈은 사채시장에서 빌리는 것이 공공연한 관행이었는데, 이 금리는 시중금리보다 훨씬 높아 그만큼 저·중소득층의 부담을 가중시킬 뿐이었다. 따라서 이러한 저리의 정부주택융자는 월수입의 30배를 주택 구입가격의 표준으로 제한하여 저·중소득층이 실제 지불할 수 있는 범위 안에서 운용되고 있다.

또 이 사업에서는 입주 희망자에 대해 (1) 일정액 이상의 월수입이 있을 것, (2) 근무처가 가까울 것, (3) 정식으로 취업하고 있을 것, 이라는 세 가지 조건을 부과하고 있다. 입주 희망자들은 이에 해당하는 서류들을 [Freedom to Build]에 제출하여 정부융자 조건을 만족시킬 경우 입주 예정자로 인정받게 된다. 또 입주 예정자가 되면 토요일에 실시되는 세미나에 참가하여 프로젝트의 이념이나 주택융자의 방법, 입주 후 주생활에 관한 계약 등에 대해 교육을 받아야 한다. 지금까지 입주한 사람들은 학교직원에서부터 일반사무원, 공무원, 공장노동자 등에 이르기까지 다양한 계층의 사람들이 입주해 있고, 이들은 그 이전까지 셋방이나 불법점거지, 또는 다른 가족과 동거형식으로 거주했던 사람들이었다.

다음은 이 프로젝트의 주목할 만한 특징들에 대해서 설명하고자 한다.

1) 증축을 전제로 한 주택계획

필리핀에서는 소득계층 하위 50%를 저소득층으로 정의하고 있고, 이들에 한해서 사회복지주택 Social Housing의 입주자격을 부여하고 있다. 정부는 이 사회복지주택에 대해 특례 건축기준을 마련하여 보다 완화된 조건하에서 주택건설이 활성화되도록 유도하고 있는데, 데라코스타 프로젝트 역시 이 건설기준을 따르고 있다.

코어하우징은 규모면에서 다양한 타입으로 구성되어 있는데, 가장 많이 건설되고 이 프로젝트의 컨셉을 잘 반영하고 있는 것이 최소면적 20㎡(주거부분) 타입이다. 이 20㎡ 타입의 일반적 대지형태는 3m폭의 보도에 면하고, 정면 폭 5m, 안길이 13m의 직사각형(65㎡)을 1구획으로 하고 있다.

본 건물은 정면 보도에서 2m 셋백한 곳에 위치하고, 인접 건물과는 측면 공유 벽을 통해 연결된 평지붕 형식의 테라스하우스이다. 주거부분은 콘크리트 바닥·공유 벽·함석지붕·화장실·부엌 배수시설·배전 등 최소의 설비

로만 구성되어 있다(그림 2.14). 또 바닥마감 · 칸막이벽 · 천장 등은 없으며, 입주 후 가족구성의 변화에 맞게 뒷마당을 활용하거나 2층으로 증축할 수 있도록 설계되어 있다.

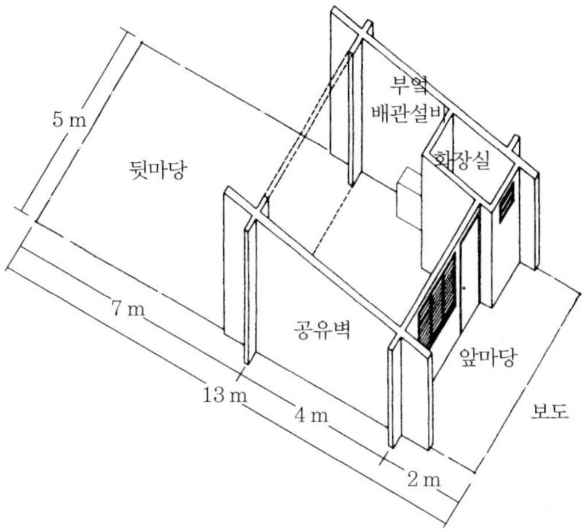

그림 2.14 20㎡ 타입의 코어하우징

[Freedom to Build]측은 초기에 공급된 이 코어하우스를 스타터 하우스 Starter House 라고도 부르고 있다. 윌리엄 키스는 이에 관하여 "우리는 집을 팔고 있는 것이 아니다. 우리는 주택건설 Housing에 있어서 우량한 출발점을 팔고 있는 것이다. 모든 주택은 증 · 개축을 기본전제로 하고 있고, 증 · 개축이 촉진되도록 배치 · 디자인 되어 있다" 고 언급하고 있다.

실제로 모든 디자인이 증 · 개축에 용이하도록 고려되어 있다. 특히 뒷마당에 면한 콘크리트블록 벽은 베니어판을 붙인 상태로 공급되고 있어 증 · 개축을 바로 시작할 수 있다. 또 함석지붕을 제외하고는 건물 대부분이 중공 콘크리트블록으로 이루어져 있는데, 이러한 프리패브가 가능한 부분은 가능한 현장에 있는 공장에서 생산하고 있다. 게다가 규격화된 재료를 사용함으로써 미숙련 노동자도 쉽게 건설현장에 참여할 수 있다는 이점이 있고, 이것은 건설비 저감과 함께 고용창출로 이어지고 있다.

부지 전체의 계획에 있어서는 통과교통 배제를 원칙으로 하고 있다. [Freedom to Build]는 이러한 가로계획을 피시 스켈러튼 Fish Skeleton이라고 부르고 있다(그림 2.15).

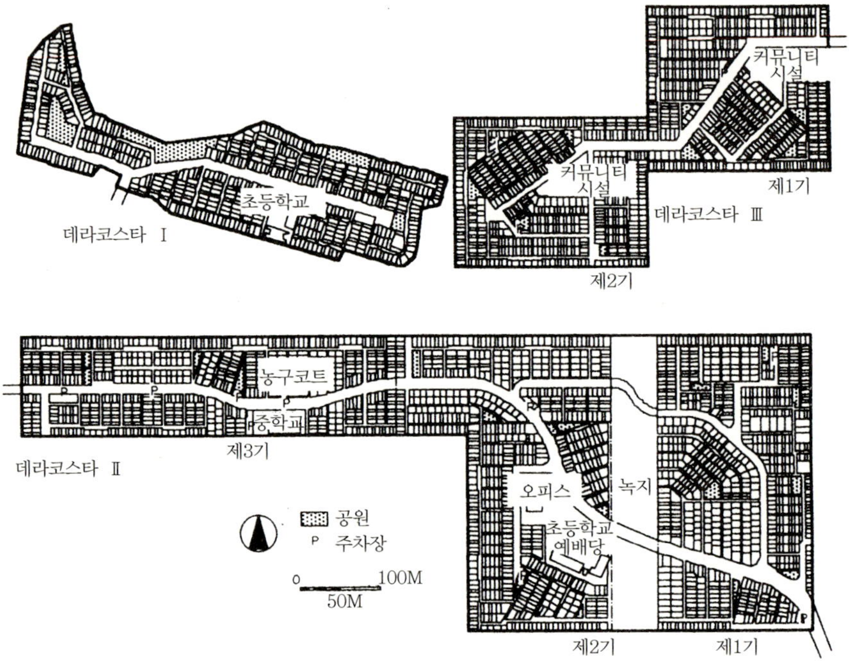

그림 2.15 데라코스타 프로젝트 배치도

물고기의 등뼈에 해당하는 간선도로는 차도로 되어 있고, 그 양측의 보도를 따라 가로수가 심어져 있다. 가로변 보도에서는 작은 뼈에 해당하는 폭 3m 보도를 통해 각각의 주택부지로 접근이 가능하며, 도로는 막다른 골목이나 고리 모양으로 계획하여 통과교통을 배제하고 있다. 또 각 주호에 주차공간은 없으며, 간선도로에 면해 곳곳에 주차장이 배치되어 있다.

2) 증축 · 주생활에 관한 가이드라인

데라코스타 프로젝트에서는 [Freedom to Build]가 설정한 몇 가지 거주

규율에 따르도록 되어 있다. 우선 거주자는 입주 후 6년간 그 권리를 [Freedom to Build] 이외의 제3자에게 팔거나 임대해서는 안 된다. 이것은 '사회사업으로서의 주택공급'이라는 사업목적에 비추어보면 분명해지듯이, 보다 부유한 사회층이 투기목적으로 주택을 취득하는 것을 미연에 방지하기 위함이다. 다만, 이미 20년 이상 경과된 주택지에서는 지가상승에 따라 서서히 전매되는 사례도 늘고 있지만, 초기 하우징의 목표는 대체적으로 달성되었다고 할 수 있다.

증축에 관해서는 당초 모든 것을 거주자에게 전임했지만, 1993년 증축에 관한 가이드라인이 만들어져서 증·개축계획에 관한 서류제출을 의무화하고 있다. 하지만 실제 세부적인 사항에 관해서는 뒤에 진술하는 사례에서 보듯이 당사자 간의 조정에 위임하고 있다.

[Freedom to Build]가 설정한 증·개축 가이드라인을 정리하면 다음과 같다(그림 2.16).

① **구획통합 금지** : 인접대지를 매수해서 2개 이상의 구획을 통합할 수 없다.

② **울타리 설치 제한** : 대지 전면 울타리는 콘크리트블록 등 불투과성 재료는 높이 1.2m, 철근이나 대나무 등 투과성 재료는 높이 1.8m를 초과해서는 안 된다.

③ **부지전면 공지 확보** : 부지 전면에는 반드시 2m 이상의 공지를 확보해야 한다. 가게, 차고, 창고 등 어떠한 종류의 구조물도 전면에 설치해서는 안 된다.

④ **부지 뒤쪽 공지 확보** : 부지 뒤쪽에도 2m 이상의 공지를 확보해야 한다. 단 2m×2.5m의 1층 건물 증축까지는 허용된다. 그 외의 부분은 통풍 등을 위해 공지로써 남겨두어야 한다.

⑤ **증축 높이제한** : 3층 이상, 높이 7m를 초과하는 증축은 금지된다. 뒤쪽 공지의 증축은 1층 건물, 높이 2.5m 이하로 제한한다. 2층을 증축하는 경우에는 2층의 전면 벽을 1층 벽보다 2m 이상 후퇴시켜야 한다. 후면 벽도 부지경계선보다 2m 후퇴하지 않으면 안 된다.

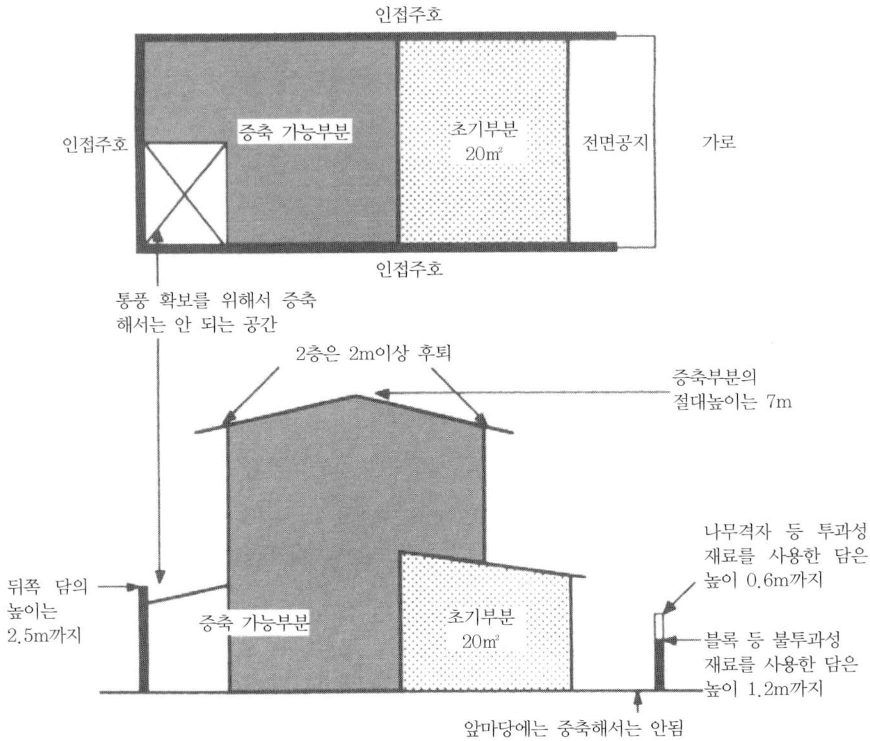

그림 2.16 증축에 관한 가이드라인

이러한 증축제한 외에도 [Freedom to Build]에서는 다음과 같은 주거생활에 관한 기본사항을 준수하도록 하고 있다.

① **동물에 대하여** : 가축 · 애완동물 등의 사육은 허가되지만, 동물을 기르는 사람은 이웃에게 상해, 공해 등의 불편을 초래하지 않도록 사전에 충분한 주의를 기울여야 한다.

② **상업행위에 대하여** : 사리사리스토어(필리핀의 일반적 소규모 잡화점)나 유사한 사업행위는 허가되지만, 전면공지에서의 상업행위는 금지한다.

③ **공적 공지에 대하여** : 공원 등의 공적 공지를 개인적으로 이용하는 것은 불가능하다. 또 도로의 양 옆에 $50cm^2$ 폭으로 가로수가 심어져 있는데, 이 토지는 [Freedom to Build]의 관리 하에 있다. 이곳에 거주

자가 나무를 심는 등 정원이나 잔디밭으로 이용하는 것은 허가되지만, 구조물을 짓거나 배타적으로 이용할 수는 없다.

이러한 주생활에 관한 규정들은 무질서한 증축이나 이웃 간의 언쟁을 사전에 방지하기 위한 기본적인 규칙이고, 이를 위반한 경우에는 [Freedom to Build]에 권리를 반환해야 한다. 이와 같이 데라코스타 프로젝트에 있어서의 가이드라인은 주택, 그 집합으로서 주택지 전체, 그리고 시간에 따라 성장하는 환경을 계획적으로 유도하기 위한 소프트적인 조건인 것이다. 일본으로 말하자면 '건축협정의 제도'와 유사하지만, 주생활에 관한 규칙도 포함되어 있다는 점이 다르다.

3) 거주자 커뮤니티와 단지의 운영

[Freedom to Build]는 입주가 시작됨과 동시에 거주자 커뮤니티(Home Owner's Association, 이하 HOA)의 조직·운용을 장려하고 있는데, 이것은 거주자로 하여금 거주환경에 대한 자주관리능력을 높이고, 자율적인 단지 운영을 실현하기 위해서이다. 이 HOA는 미국의 거주자 커뮤니티가 그 기원으로 주민 전원의 가입을 원칙으로 하고 있고, 매월 회비를 징수하여 상하수도 수리나 식수植樹의 확보 그리고 커뮤니티 이벤트 등에 사용하고 있다.

또 거주자 커뮤니티나 [Freedom to Build]와는 별개로 수십 채의 주호가 한 단위가 되어 파티를 열거나 공동 농구코트를 만들기도 하고, 계cooperative를 조직하여 아이들의 병원비나 가구 구입, 증축 준비비용으로 활용하기도 한다. 그리고 앞서 설명한 증축·주생활에 관한 가이드라인 이외에 각 블록마다 정해놓은 독자적인 규칙들이 있는데, 도둑이 들었을 때 호루라기를 분다거나 가축을 기를 때에 관한 상세지침과 같은 것들이다.

한편, [Freedom to Build]는 커뮤니티 주최자나 위법증축 감시자, 가로수 등을 관리하는 단지 매니저 등을 실제 거주자 중에서 고용하는 방식으로 소프트·하드의 양 측면에서 거주자의 환경형성을 지원하고 있다. 실제로 데라코스타 프로젝트에서는 3층 건물의 증축을 시도한 위법사례에 대해 건설 중지가 내려지거나, [Freedom to Build]에 권리를 반환한 예도 있다.

이와 같이 데라코스타 프로젝트는 주택건설 및 분양뿐만 아니라, 입주 후의 커뮤니티 활동이나 거주환경의 유지관리에도 적극적인 지원을 하고 있다. 거주자가 자율적으로 이해 · 조정과정을 거치면서 거주환경을 형성해갈 수 있는 장치가 겹겹이 마련되어 있는 것이다.

개별적으로 성장해가는 주거

여기에서는 실제 조사대상 사례에 입각해서 거주자의 거주환경을 설명하고자 한다. 조사는 1991년 20㎡의 타입에 입주한 거주자를 대상으로 1994년에 이루어졌다[10]. 우선 조사대상 주택에는 3세대 5명의 가족과 가정부 1명이 같이 거주하고 있었다(그림 2.17). 남편의 직업은 운전사로 가끔 부업으로 생선을 팔고 있었고, 부인은 [Freedom to Build]의 사무직원으로 남편보다 수입이 많다. 또 부부 모두 마닐라 수도권 출신으로 시내에 형제와 친척들이 살고 있다. 부인은 담배회사와 보험회사에 근무한 경험이 있으며, 대학동기의 소개로 1988년부터 [Freedom to Build]에 근무하고 있었다. 이전에 살던 주택은 통근시간도 많이 걸리고, 비가 오지 않을 때에도 물에 잠기곤 해서 현재 사는 곳으로 이사하게 되었다고 한다.

증축은 입주한 해 말에 이루어졌다. 이 부지는 뒷마당이 주택부지보다 높아서 비가 오면 흙탕물이 집안으로 들어오곤 했기 때문에 반지하의 거주실로 개조하였고, 소요기간은 2주가 걸렸다. 지하를 팔 때 불필요한 토사가 많이 나와서 처치곤란이었지만 이웃에게 줬더니 고마워했다고 한다. 또 증축된 방 칸막이는 남편이 직접 작업하였고, 앞마당의 울타리와 정원은 시내에 사는 조부모님이 혼자 작업했다고 한다.

이 가족이 증축을 시작하려고 했을 때 양 옆집과 뒷집은 이미 증축을 완료한 상태였다. 따라서 이 주택을 증축할 당시는 인접 주택의 벽을 공유할지, 부지 내측에 새로이 벽을 만들지가 문제가 되었다. 이웃과 상의한 결과

10) 이 조사는 ホルヘ · アンソレーナ, 伊従直子, 内田雄造, 藤井敏信, 稲本悦三, 小菅寿美子, 加藤麻由美, 薬袋奈美子, 居林昌宏, 飯島史恵, 白島尚子 와 공동으로 1993년과 1994년에 실시한 '필리핀에 있어서의 저소득층의 하우징에 관한 연구'의 일부이다.

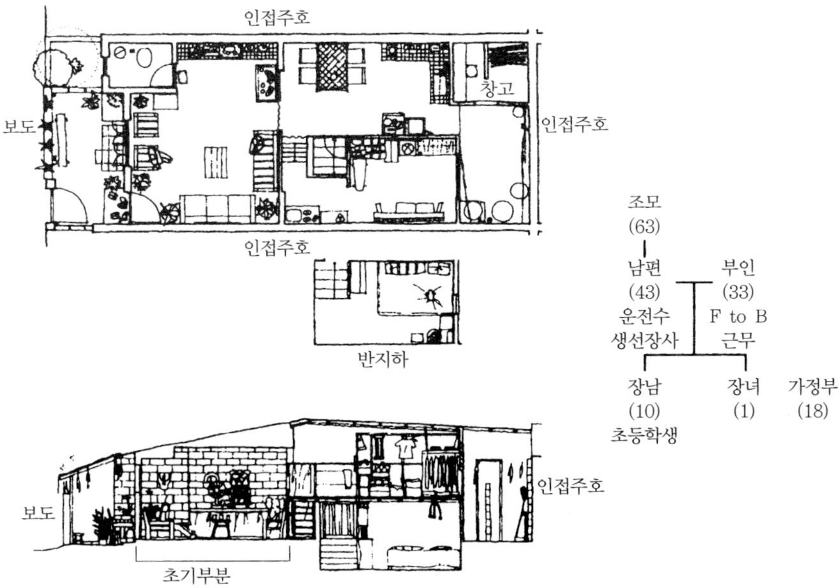

그림 2.17 인접주택의 거주자들과 다양한 교섭을 통해 증축한 사례

벽을 만드는데 들었던 비용을 반씩 부담하기로 했는데, 좌측 주택에는 이미 비용을 지불했지만 우측 주택에는 자금이 모자라 당분간 지불을 연기해 놓은 상황이었다. 그리고 뒤쪽 주택에 면한 부분에 앞마당에 있는 화장실을 이설하려고 했지만, 뒤쪽 주택의 외벽 사용을 그쪽 주인이 원하지 않아 외벽 안쪽에 콘크리트블록을 쌓아 2중벽으로 만들었다고 한다.

[Freedom to Build]는 전술한 바와 같이 증축에 관한 물리적 규정을 미리 제시하고 있지만, 실제 증축을 할 경우에는 이처럼 이웃과 세세한 협의를 거쳐야 한다. "증축 시 외벽의 공유는 비용을 절반씩 부담해야 한다" 고 주장하는 쪽이 합리적이라는 의견도 있으나, 양측의 이웃에게 동시에 비용을 지불하는 것이 현실적으로는 어렵다는 사실도 이 사례를 통해 알 수 있었다. 또 증축에 있어서 방의 배치방법에 따라 이웃의 대응이 변할 수 있다는 것도 예상할 수 있다. 이처럼 증축에 관한 세세한 협의는 당사들에게 맡기고, 그때그때 서로의 상황에 맞게 조절해 가는 것이 오히려 현실적이라고 할 수 있을 것이다.

이 사례가 보여주듯이 데라코스타 프로젝트 주택들은 완공 후 불과 몇 년 사이에 각자의 가족상황에 대응하여 변화하고 있음을 알 수 있다. 또 단순히 증 · 개축을 하는 것뿐만 아니라 곳곳에 거주자에 의해 주환경이 형성되고 있는 모습을 볼 수 있다. 페인트를 칠하거나, 앞마당을 손질하거나 또 보도에 함석을 깔고 콘크리트를 반죽해서 블록 울타리를 만드는 등 토 · 일요일이 되면 단지 이곳저곳에서 '주택의 건설'이 아닌 바로 '환경의 건설'이 이루어지고 있는 것이다. 이처럼 데라코스타 프로젝트는 '주말마다 성장하는 단지'라고도 말할 수 있을 것이다.

한편, 그림 2.18에서 보듯이 처음엔 전용주택이었지만 이곳저곳 잡화점 · 미용실 · 식당 · 양복점 · 빵집 · 치과 · 진료소 등 병용주택이 되어 가는 것을 확인할 수 있다. [Freedom to Build]는 이러한 주택 이외의 용도전용을 인정하여 거주자의 부수입을 보증하고 있고, 결과적으로 생활의 질적 향상으로 이어질 수 있도록 적극적인 지원을 하고 있다. 이렇듯 전체의 요구에 의해 자연발생적으로 다양한 상점들이 생겨남으로써 '단지다운 단지', '마을다운 마을'이 차츰 완성되어 가고 있는 것이다.

코어하우징 시스템의 역할과 가능성

필리핀과 같은 제3세계에서 민간에 의한 중 · 저소득층용 주택공급은 필연적으로 저가주택 공급방식을 취하게 된다. 또 기업체로서 공급을 지속해 가기 위해서는 [Freedom to Build]와 같이 공익기업으로 일정 러닝코스트를 확보하면서 사업을 전개해 나갈 필요가 있다. 그러나 [Freedom to Build]는 소득계층 35~60%를 그 대상으로 하고 있기 때문에 최하층의 주택문제에 직접적으로 연결되지 않는 것도 사실이다. 여기에 공적지원의 필요성과 의의가 있다. 하지만 비록 [Freedom to Build]가 최하층의 주택문제 해결에 직접적인 영향을 미치지 못한다 하더라도, 사반세기 동안 동일한 방법으로 주택을 공급해왔다는 사실에서 보면 이 주택건설 및 공급방식의 일반성은 어느 정도 확보되었다고 말할 수 있을 것이다.

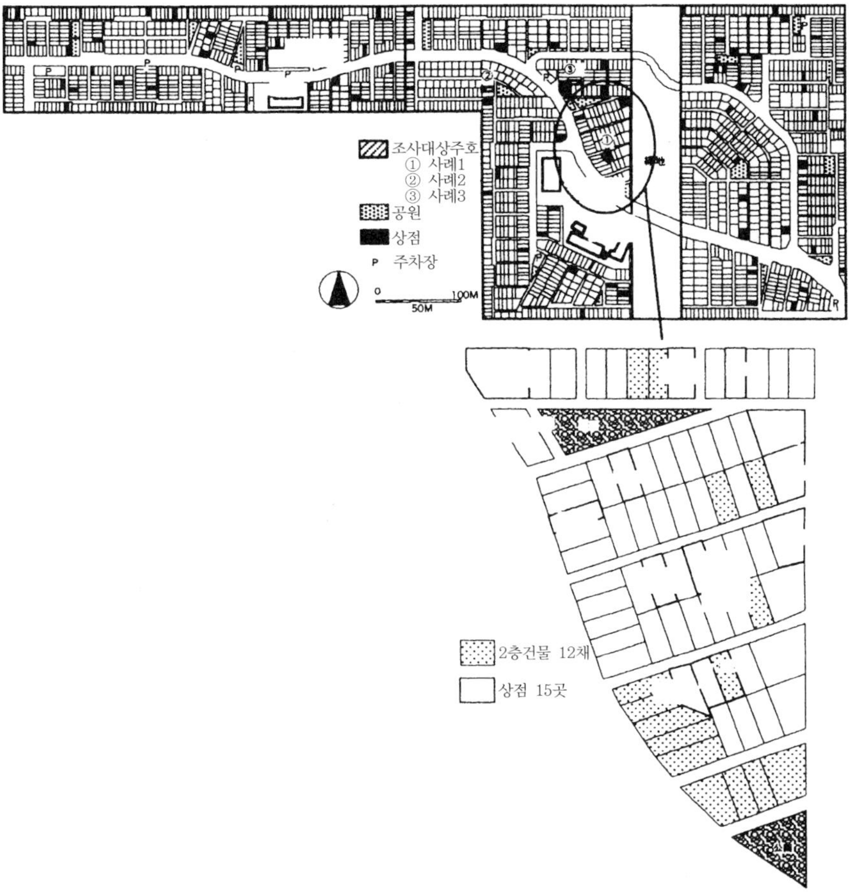

그림 2.18 데라코스타 조사대상 주택 및 상점배치

이것을 건축계획적인 측면에서 보면 코어하우징이라는 새로운 주택방식의 실현이라는 의미에서 매우 흥미롭다. 신규 주택건설 사업에 있어서 계획에 거주 예정자의 의향을 반영시키는 것은 일본에서도 역시 어려운 일이다. 그러나 코어하우징에서는 공급 후 증·개축에 의한 거주자의 주체적 환경 형성을 기대할 수 있고, 그러한 환경 형성을 넓은 의미에서의 계획행위로 파악할 수 있다. 즉 공급단계에서 계획을 최소화함으로써 거주자의 계획 참가 가능성을 높일 수 있는 방법이라는 점에 주목하고 싶다.

물론 코어하우징이라는 물리적 수법만으로 주거환경이 개선되는 것은 아니다. 입주한 시점부터 거주자의 주생활을 지원할 수 있는 다양한 시스템들이 준비되어 있어야 비로소 가능한 것이다. 이러한 측면에서 보면 데라코스타 프로젝트는 완화된 건축법규, 정부주택융자, [Freedom to Build]에 의한 거주 환경 가이드라인 등 다양한 레벨의 지원 시스템이 정비되어 있다는 점, 게다가 본래는 공공주택이 맡아야 할 거주자 서포트까지도 사업의 일환으로써 행해지고 있다는 점을 높이 평가할 수 있다. 이 프로젝트는 불과 교외의 몇 구획에서 실시된 실험적인 시도일지 모르지만, 도심에서 주거 환경문제로 시달리는 수많은 사람들에게 가능한 빨리 주택을 공급할 수 있었다는 점에서 지금도 시사하는 바가 크다.

오오츠키 토시오(大月 敏雄)

03

인간행태로부터 시설환경을 읽는다

1 아이들의 생활행태로 본 학교환경

생활의 장 場

아이들에게 있어서 학교는 말 그대로 학습의 장소이지만, 동시에 놀이 · 독서 · 식사 등 다양한 교류를 해가며 하루의 대부분을 보내는 생활의 장소이기도 하다. 가족구성원으로서 생활하는 개인적인 공간이 자택이라면, 학교는 선생님이나 동급생, 또 상급생이나 하급생과의 접촉을 통해서 사회성을 습득하는 퍼블릭한 공간이다. 따라서 학교를 학습 · 교육의 장소로서 뿐만 아니라 넓게 생활의 장소로서도 파악하고, 학교에서의 아이들의 다양한 행태나 생활에 주목함으로써 그 환경의 상황수준을 생각해 볼 필요가 있다.

학교의 학습 · 생활환경은 최근 몇 년간 크게 변화했다. 특히 1980년대 중반부터 실시된 일본의 교육 · 시설 개혁으로 인하여 당시까지 행해져 왔던 일제지도형 학습법에 큰 변화가 생겼고, 개인이나 소그룹으로 행하는 개별 · 그룹학습, 여러 명의 교사가 협력해서 진행하는 팀티칭 team teaching 등 새로운 학습방법이 등장하였다. 또 여러 교실을 잇는 넓은 오픈 스페이스와 작은 알코브 등과 같은 새로운 학습 · 생활공간이 정비되었다.

이러한 새로운 타입의 학교는 학습면에서 뿐만 아니라 생활면에 있어서도 아이들의 행동이나 의식에 큰 영향을 미치고 있다. 특히 공간의 개방성이나 연속성, 개인적인 공간이나 공적인 공간 등과 같은 공간과 장소의 성질이 아이들의 행동영역 형성에 크게 관여하고 있다. 본 절에서는 이제까지 필자가 실시해 온 조사연구 결과들을 토대로 아이들의 행태와 생활에서 본 학교환경에 대해서 설명하고자 한다.

학교에서는 휴식시간에 친구들과 장난치거나, 수다를 떨거나, 혼자서 독서 · 휴식을 취하는 행동을 자주 볼 수 있다. 물론 교정이나 학교 내의 다양한 장소에 놀러 나가는 아이들도 많지만, 어디까지나 자신들의 교실이 기본적인 체재장소이고 행동의 거점이 된다.

교실 근처에 넓은 오픈 스페이스가 계획된 학교들을 대상으로 아이들이 어떠한 행동을 하고 있는가에 대해 조사한 적이 있다. 우선 자신들의 교실을 가장 기본적인 체재장소로 사용하고 있었고, 이곳을 거점으로 오픈 스페이스나 복도 등에 빈번하게 출입하는 행동이 자주 관찰되었다(그림 3.1). 게다가 흥미로운 것은 복도나 오픈 스페이스에서는 다른 반이나 다른 학년의 학생과도 교류하지만, 자신의 교실 내에 다른 반이나 다른 학년의 학생이 들어오는 경우는 적다는 것이었다. 다른 반 학생을 자신의 교실에 억지로 끌어들이려고 하거나, 문을 사이에 두고 복도 측과 교실 측으로 나뉘어 다른 반 학생이 말을 걸거나 이야기를 하는 장면도 볼 수 있었다. 이것은 아이들에게 있어서 자신의 교실은 그 반 학생들만의 개인적 영역이라는 의식을 가지고 있다는 증거가 아닐까 생각된다(그림 3.2). 이러한 상황은 교실을 확실히 독립시켜서 설치한 재래형 학교에서 보다 현저하게 관찰되었지만, 교실에 인접해 개방적인 오픈 스페이스를 설치한 학교에서는 그 공간구성에 의해서 아이들이 의식하는 영역성에 차이가 발견되었다.

그림 3.1 초등학교에서의 행태관찰 사례1(혼쵸 초등학교, 요코하마시)

개방적인 오픈 스페이스가 교실에 인접해 있는 경우에도 친구들과의 잡담, 놀이 등에 있어서 교실 안이 기본적인 체재장소로 되기 쉽다.

그림 3.2 초등학교에서의 행태관찰 사례2(혼쵸 초등학교, 요코하마시)

오픈 스페이스에서 다른 반 교실을 들여다보고 있는 아이들. 오픈된 환경이라도 학급의 영역이 존재한다.

다양한 오픈 플랜 스쿨과 행동영역의 확장

일본에서 처음으로 오픈 플랜을 채용한 시즈오카현 静岡県 누마즈시 沼津市의 카토가쿠엔 교쇼 加藤学院暁秀 초등학교를 대상으로 조사를 실시하였다. 이 학교는 일반교실 4개 정도 크기의 정방형 공간을 각 교실들과 오픈 스페이스로 구분해서 사용하고 있었다(그림 3.3). 2, 3개의 교실이 들어가고(각각의 장소는 결정되어 있었지만), 그것을 구분하는 벽 없이 아이들도 다른 반에 빈번히 출입하는 등 교실의 영역을 별로 의식하고 있지 않는 듯 했다. 또 일본에서 자주 볼 수 있는-교실이 남측에 나란히 배치되고, 북쪽으로 오픈 스페이스가 연속되어 배치되어 있는-학교에서는 오픈 스페이스가 다른 반 학

그림 3.3 카토가쿠엔 교쇼 초등학교 1층 평면 및 학교비품 레이아웃(1990.10 현재)

생의 통과동선이 되는지 안 되는지, 또 교실과 오픈 스페이스 사이를 어떠한 방식으로 경계 짓는지에 따라서도 아이들의 행동영역 형성에 차이가 관찰되었다.

교실과 오픈 스페이스 사이에 벽이 있거나 오픈 스페이스가 통과동선으로 사용되는 경우에는 그 오픈 스페이스는 공적인 장소가 된다. 이에 반해서 교실과 오픈 스페이스 사이에 벽이 없고 공간적으로 일체화되어 있는 경우에는 오픈 스페이스 내에서 각자의 교실에 가까운 영역이 보다 자주 이용된다. 즉 그 반의 영역성이 강해지는 경향이 있다.

오픈 스페이스는 학년마다 통합되어 설치되는 경우가 많지만, 학교 전체 또는 고학년과 저학년을 묶어서 공통 오픈 스페이스를 설치하는 학교도 있다. 요코하마시 横浜市의 혼쵸 本町 초등학교는 학년마다 설치된 오픈 스페이스 이외에, 학교중앙에 통풍이 잘되는 다목적 홀을 가지고 있는 독특한 학교이다(그림 3.4).

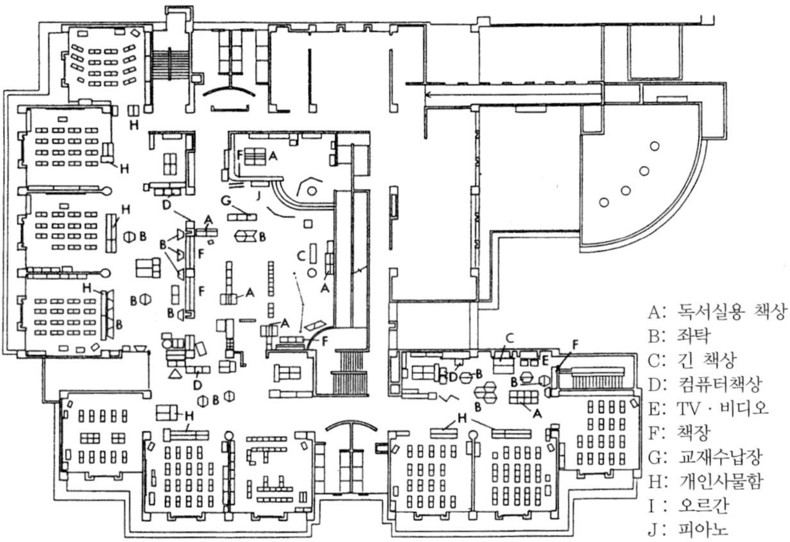

그림 3.4 혼쵸 초등학교 중 · 고학년 건물 1층 평면 및 학교비품 레이아웃(1990.6 현재)

학년이 우선적으로 이용하는 학년 오픈 스페이스와는 달리, 다목적 홀은 어느 학년·학급의 학생이라도 자유롭게 이용할 수 있도록 계획되어 있다. 그러나 조사를 해보니, 이 다목적 홀은 특정 학년이 이용하는 경우가 많다는 것을 알 수 있었다. 그 학년은 다목적 홀에 바로 액세스할 수 있고, 또 자신들의 학년 오픈 스페이스가 통과동선으로 되어 있기 때문에 일상적인 학습에도 빈번히 다목적 홀을 이용하고 있었던 것으로 생각된다.

같은 요코하마시에 있는 소규모 학교, 니하루新治 초등학교에서 어떤 실험을 한 적이 있다. 이 학교는 1학년 1학급의 단일 학급으로, 3개 학년이 같은 플로어의 오픈 스페이스를 공유하고 있다. 이 오픈 스페이스는 수업중이든 휴식시간이든 그곳을 공유하는 학급의 학생들이 자유롭게 이용할 수 있도록 되어 있었지만, 조사결과 같은 오픈 스페이스라도 학급에 따라 그 이용에 많은 차이점이 관찰되었다. 그래서 먼저 각 교실과 오픈 스페이스 사이에 칸막이나 책장 등 물리적인 경계가 되는 물건을 치워 공간적으로 연결해놓고, 또 오픈 스페이스 내의 책상이나 가구를 학급마다 균등히 나눠서 각 교실 앞에 배치했다(그림 3.5). 학생들이 어느 정도 적응됐다고 판단된 시점에서 조사한 결과, 이 레이아웃에서는 학생들이 다른 학급의 전면공간을 이용하는 일이 거의 없었다.

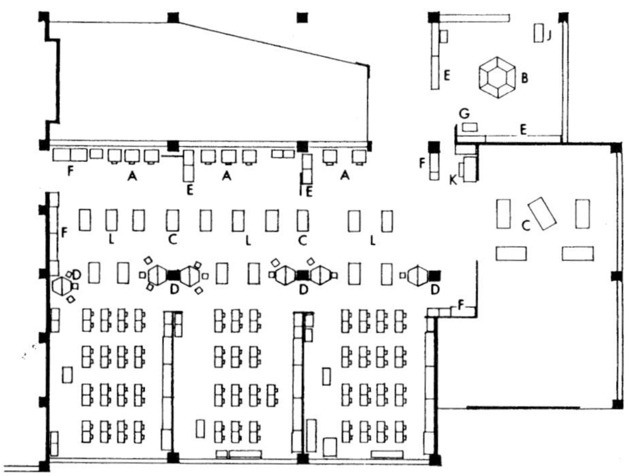

그림 3.5 니하루 초등학교 레이아웃 변경실험 – 학교비품 균등 배치타입(1990.6 현재)

이번에는 각 교실과 오픈 스페이스 사이에 칸막이나 책장 등을 배치하여 교실공간의 독립성을 높이고, 오픈 스페이스에는 개인학습 코너, 그룹작업 코너, 컴퓨터 코너, 휴게 코너 등 특정한 학습 · 생활 코너를 설정해 놓았다(그림 3.6). 이 레이아웃에서는 학급에 관계없이 어떤 코너든 자유롭게 이용하고, 또 같은 코너를 다른 학급 · 학년의 아동이 동시에 이용하는 장면도 많이 관찰되었다. 게다가 이 레이아웃에서는 오픈 스페이스에서 책장 너머로 다른 반 교실을 들여다보는 행동이 가끔 관찰되었는데, 이것도 가구와 각 코너의 변화에 따라 오픈 스페이스 자체의 공공성이 높아졌기 때문이라고 추측된다. 이와 같이 행동영역은 가구 배치방법 하나만으로도 변화하는 것이기 때문에 공간구성이나 디자인, 가구의 레이아웃, 학습 · 생활 코너 등을 설정할 때에는 아이들의 행동특성 · 행동영역을 충분히 고려해야 할 것이다.

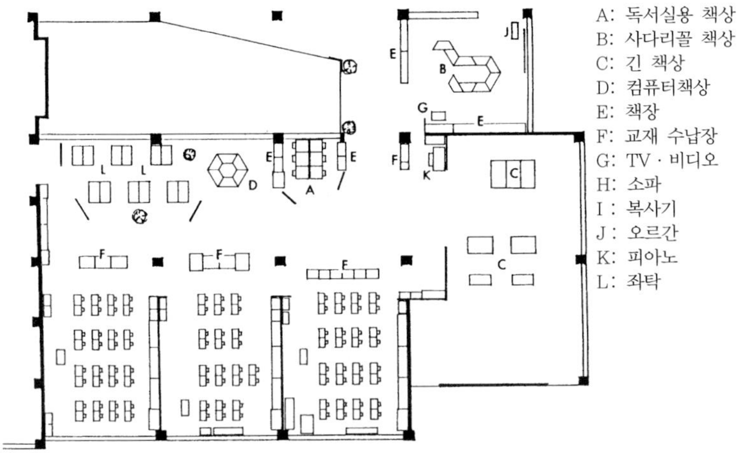

그림 3.6 니하루 초등학교 레이아웃 변경실험 – 각 코너 설정 타입 (1990.6 현재)

■ 외부로 확장되는 행동영역

일반 초등학교에서는 주 계단이 학교 전체에 1개 또는 저학년과 고학년에 각각 1개씩 설치되는 경우가 보통이지만, 사이타마현 埼玉県 미야시로 宮代에 있는 카사하라 笠原 초등학교는 교실이 학년마다 통합되어 있고, 각각 독립된 주 계단이 설치되어 있는 것이 특징이다. 아이들은 복도에서 신발을 갈아 신고 자유롭게 잔디밭으로 된 중정이나 교정에 접근할 수 있고, 행동영역 또한 교실에서 외부공간으로 자연스럽게 확장되고 있다.

이 학교에서 휴식시간을 중심으로 조사를 실시한 적이 있는데 대다수의 아이들이 교실 앞 중정에서 친구들과 대화를 나누거나 게임 · 독서 · 식사 등의 행위를 하고 있었다(그림 3.7). 일반 초등학교에서는 이러한 행위들이 보통 교실 내에서 이루어지고, 외부로 확대되어 가는 경우는 매우 적다. 다만, 교실 근처에 실내화를 신은 채로 접근할 수 있는 중정이나 테라스가 설치된 학교에서는 카사하라 초등학교에서와 같은 행동들을 종종 볼 수 있었다. 이것은 교실에서 외부공간으로 자연스럽게 행동영역을 확장할 수 있는 단계적인 공간구성의 필요성을 시사하고 있는 것이다.

미국의 몇몇 초등학교를 대상으로 교실 앞 외부공간의 사용방식을 조사한 적이 있다. 거의 모든 학교가 교실과 외부공간을 잇는 전용 출입구를 가지고 있었고, 아이들은 휴식시간이나 수업 중에도 빈번히 외부공간으로의 출입을 반복하고 있었다. 또한 미국의 교외에는 평지붕형의 학교건물이 많았고, 모든 교실은 직접 외부공간과 연결되어 있었으며, 관찰수업 · 공작 · 그룹회의

그림 3.7 점심시간의 식사장면(카사하라 초등학교)

날씨가 좋으면 자신들의 교실 앞에서 급식을 먹는 경우가 많다.

그림 3.8 저학년 교실의 전용 외부공간 이용 장면(소렌톰 초등학교, 애리조나, 미국)

등이 이러한 외부공간에서 활발하게 실시되고 있었다. 그 중에는 외부공간을 포장해서 테이블을 설치하는 등 학급영역의 일부로서 이용하는 학교도 있었다. 그리고 저학년 그룹에서는 교실 근처에 전용 놀이공간을 설치한 경우가 많았는데, 이러한 전용 외부공간은 각 학년별로 독립된 형식을 취하는 경우가 많았다(그림 3.8).

일본의 경우에도 전술한 카사하라 초등학교를 비롯하여 요코하마시의 나미키다이이치 並木第一 초등학교와 같이 고학년 동과 저학년 동을 분리하여 각각 전용 정원을 설치한 사례도 있고, 카고시마현 鹿児島県 카세다시 加世田市에 있는 가세다 加世田 초등학교와 같이 넓은 부지에 잔디밭 중정을 사이에 두고 학교 건물들을 여유롭게 배치한 사례 등이 있다. 이런 학교에서는 휴식시간에 교실에서 직접 중정으로 나가 노는 학생들을 자주 볼 수 있다. 학교계획에 있어서는 학급영역이 자연스럽게 외부로 확장될 수 있도록 평지붕이나 2층 정도의 저층 건물이 이상적이지만, 도심에 위치한 학교의 경우는 부지면적이 한정되어 있기 때문에 저층을 유지하기가 어렵다. 하지만 지붕 테라스나 옥상정원 등을 설치하여 입체적으로 외부공간을 활용하는 사례도 있다.

수업 · 휴식시간의 아이들의 행위와 장소

오픈 스페이스나 다목적 공간 등 교실 이외의 학습공간을 설치한 학교에서는 개별학습 시 아이들에게 자유롭게 학습 및 작업장소를 선택하게 하는 경우가 많았다. 개별학습이 활발한 몇몇 학교를 조사를 한 적이 있는데 학습장소를 선택할 때에는 학습과 작업내용, 그룹의 규모도 그 요인이 되지만, 오히려 '다른 학생이나 다른 그룹과 정신적 · 거리적으로 어떠한 관계를 가지고 싶은가' 라는 심리적 요인이 보다 중요하다는 것을 알 수 있었다.

일본에서 처음으로 개별학습이 도입된 아이치현 愛知県 히가시우라 東浦에 있는 오가와 緒川 초등학교에는 학년마다 설치된 오픈 스페이스 이외에도 저학년과 고학년이 공통으로 사용할 수 있는 다목적 공간이 설치되어 있다. 또한 이 학교에서는 학생들에게 자유롭게 학습장소를 선택하게 하여 그 장소에서 수업을 진행하는 경우가 많았다.

이 때 아이들의 장소 선택과 그 전개범위를 조사해 보았다. 선택장소로는 교실, 학년 오픈 스페이스, 다목적 공간, 책상이 설치된 통로 등이 있었고, 그룹은 2~3명 또는 다수가 한 그룹이 되어 공간을 사용하고 있었다. 또 개개인이지만 왠지 모르게 한 곳에 모여 있는 듯한 집합적 구성도 관찰되었다. 넓은 다목적 공간에는 꽤 많은 아이들이 모여 밀도가 높아지지만, 자세히 보면 남녀별·학년별로 어느 정도 통합된 영역이 형성되어 있었다. 또 친한 친구들로 구성된 그룹(친밀한 그룹), 개개인으로 북적거리는 그룹 등 다양한 타입의 그룹이 적정한 거리를 유지하면서 형성되어 있었다(그림 3.9, 3.10). 아이들은 혼자 있을 때 자신들의 영역을 지키면서도 다 같이 모여 있고 싶다는 심리가 작용하는 것으로 보인다.

그림 3.9 아이들의 장소 선택과 전개범위 관찰 사례1(오가와 초등학교)

개별학습 시에는 다목적 스페이스에 다양한 집합이 형성된다.

그림 3.10 아이들의 장소 선택과 전개범위 관찰 사례2(오가와 초등학교)

개인적인 장소를 확보하면서도 전체로서 보면 결부된 그룹.

한편 이러한 북적거리는 공간으로부터 떨어져 있거나 다른 학생들이 별로 없는 통로, 그리고 책장과 칸막이로 둘러싸인 독립성이 높은 공간에서는 친밀한 그룹이 형성되는 경우가 많았다. 다목적 공간이 내려다보이는 2층 통로도 자주 이용되고 있었는데, 이 장소는 개인적 영역의 성격이 강하지만 동시에 다른 학생들의 행위를 바라보며 머물 수 있는 공간이다. 즉, 북적거리는 공간과 시각적인 관계를 맺을 수 있는 장소이기도 하다.

지금까지 학습 시에 있어서 아이들의 행동영역 형성에 관해 살펴보았다. 또한 휴식시간의 자유로운 행동이 어느 공간에서 발생하는가에 주목함으로써 아이들의 행동영역 형성에 대해 보다 상세히 알 수 있었다. 교실이나 그 주변 등 실내에서 이루어지는 휴식행위는 독서 · 자습 · 친구들과의 대화 · 게임 등의 행위들이었다.

전술한 요코하마시의 혼쵸 초등학교에서 실시한 조사에서는 친구들과의 대화가 넓은 오픈 스페이스나 다목적 공간보다 교실 내에서 이루어지는 경우가 많았는데, 특히 창가나 교실 앞뒤의 빈 공간이 이용되고 있었다. 다만 다목적 공간에 있어서는 주위를 낮은 벽이나 책장으로 둘러싼 도서코너와 다목적 공간 뒤쪽의 남의 눈에 잘 안 띄는 장소 등에서 친구와 대화를 나누는 장면을 볼 수 있었다. 한편, 컴퓨터 사용이나 TV 시청, 그리고 큰 책상에서의 작업이나 게임 등 목적이나 이용하는 도구가 확실히 정해져 있는 행동은 각각 준비된 전용 코너에서 발생하고 있었다(그림 3.11).

행태 · 공간 · 장場의 상호관계성

지금까지 아이들의 행동영역을 중심으로 공간 · 장場 · 행동과의 관계를 살펴보았는데, 여기에서는 공간과 장의 물리적인 성질이나 구성요소가 구체적으로 어떠한 행동에 관계되어 있는지에 대해 언급하고자 한다. 학교 안에서 아이들은 다양한 공간 · 장을 어떻게 활용할 지 궁리하기도 하고, 때로는 그곳에 독자적인 의미를 부여하면서 이용하고 있다. 아이들이 어떤 명확한 목적을 가지고 공간 · 장을 이용하는 경우도 있지만, 공간 · 장의 물리적인 성질이 아이들의 특정 행동을 유발시키는 경우도 있다.

아이들이 기둥과 벽에 기대있거나 단차가 있는 곳에 걸터앉아 있거나 하는 행동들은 자주 관찰되는 장면이다. 이러한 아이들이 자주 모이는 장소를 자세히 관찰해 보면 그곳은 앉거나 기대는 공간일 뿐만 아니라 주변을 잘 관찰할 수 있고, 빈번히 사용하는 동선상에 위치하며, 프라이버시를 확보할 수 있는 등 적절한 환경적 지원이 마련된 공간임을 알 수 있다.

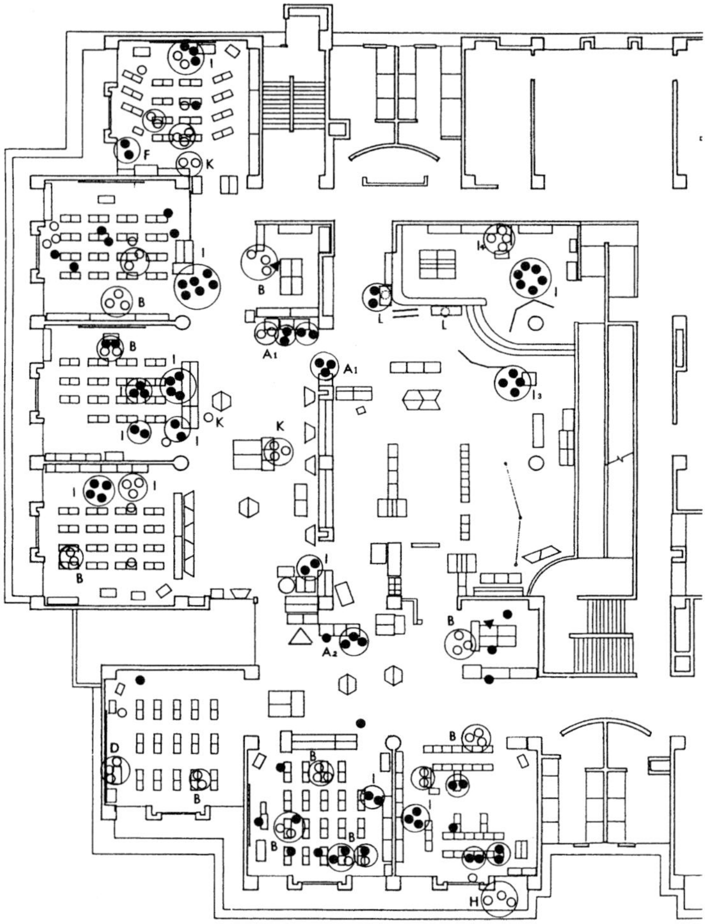

A: 컴퓨터게임
A1: 1학년
A2: 2학년
B: 이야기를 나눔
C: 전시물 감상
D: 오르간 연주
E: 개인작업
F: 그림 그리기
G: 독서
H: 생물 관찰
I : 친구들과 게임놀이
I3: 다목적 홀에서(2학년)
I4: 독서코너에서(6학년)
J : 농담을 주고받으며 장난
K: 공기놀이
L: 숨바꼭질

● 남자
○ 여자
▲ 교사

그림 3.11 휴식시간 아이들의 행위와 발생장소 (혼쵸 초등학교 : 1990.12 현재)

또한 계단의 손잡이를 미끄럼틀로 이용하는 사례, 단차나 슬로프를 활용한 놀이, 기둥이나 그 밖의 상징적인 물건을 중심으로 한 술래잡기와 같은 놀이, 바닥패턴을 이용한 게임 등과 같이 학교 내 공간 · 장場의 물리적인 형상이나 구성요소를 활용한 행동들도 다양하게 관찰된다(그림 3.12). 이러한 공간 · 장의 놀이기구적 · 도구적 이용은 아이들이 그만큼 그 공간이 가진 어포던스 affordance에 순수하게 반응하고 있다는 사실을 의미하는 것이 아닐까?

실제 아이들이 모일 때에는 기둥과 벽 또는 책장과 교탁 등의 가구를 거점으로 하고 있는 경우가 많았다. 그리고 친한 친구들끼리 그룹을 지어 이야기를 나누거나 게임을 할 때에는 주위가 책상이나 책장으로 둘러싸인 장소나 구석공간을 선택하는 경향이 있었다. 넓은 오픈 스페이스보다 굳이 교실 앞뒤의 틈새공간을 선택하는 것은 아이들의 물리적 거점 확보를 위한 노력으로 생각할 수 있다. 덧붙여 앞서 소개한 니하루 초등학교의 레이아웃 변경실험에서 교실과 오픈 스페이스 사이에 책장을 설치했더니, 그 이전에는 그곳에 머무는 행동을 거의 볼 수 없었지만, 책장과 책상 사이의 틈새에 모여 카드게임을 하거나 책장에 기대는 등의 행동이 자주 관찰되었다. 이것도 물리적인 거점이 행동영역 형성을 촉진시킨 사례라고 말할 수 있다(그림 3.13).

그림 3.12 아이들의 행태와 물리적 요소의 상호관계 사례1

바닥 모양을 활용해서 진지점령 게임을 하고 있다(미야마에 초등학교, 동경).

그림 3.13 아이들의 행태와 물리적 요소의 상호관계 사례2

교실과 오픈 스페이스 사이의 책장을 거점으로 모여 있다(니하루 초등학교, 요코하마).

아이들의 디자인으로 본 공간 · 장場에 대한 의식

니하루 초등학교에서는 행동관찰 조사 이외에 3학년과 5학년의 아동을 대상으로 디자인 워크숍을 실시했다. 우선 학급의 아동을 각각 몇 명의 그룹으로 나누고, 미리 준비한 모형을 사용하여 아이들에게 오픈 스페이스 안에 학습 및 생활코너를 디자인하게 하는 것이었다.

디자인 결과와 그 프로세스, 그리고 디자인 과정에서의 아이들의 설명으로부터 아이들이 학교공간에 대해 어떠한 이미지를 가지고 있는지를 알 수 있었다. 예를 들면, 3학년 아동들은 누구나 자유롭게 사용할 수 있도록 디자인하거나 가구를 각 교실에서 균등하게 분배시키는 경향이 강했고, 또 피아노처럼 한 개밖에 없는 물건은 다른 반 학생들도 이용하기 편리하도록 무리하게 교실에서 떨어진 장소에 두는 경향이 있었다(그림 3.14). 한편, 5학년 아동들은 가구를 정리하면 모든 학급의 학생들이 자유롭게 이용할 수 있다는 판단 하에 독립성이 높은 코너를 만드는 경향이 있었다(그림 3.15).

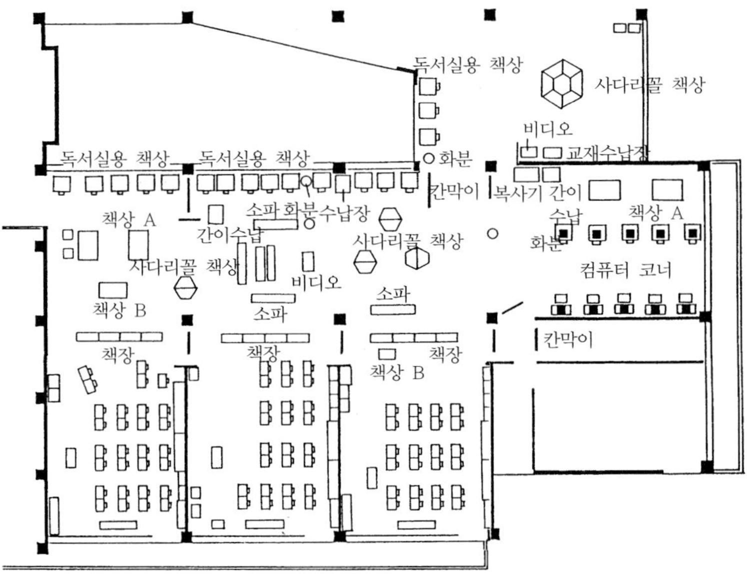

그림 3.14 3학년 학생들의 디자인 사례
니하루 초등학교 디자인 워크숍(1990.11 실시)

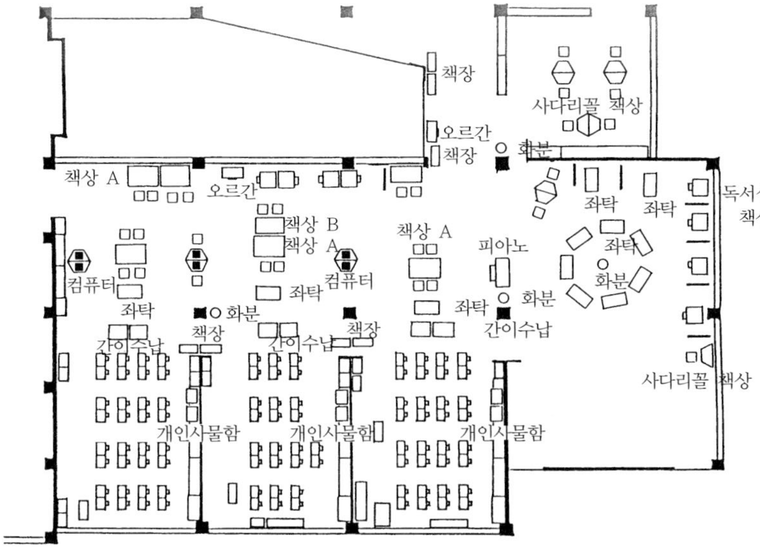

그림 3.15 5학년 학생들의 디자인 사례

니하루 초등학교 디자인 워크숍(1990.11 실시)

이러한 아이들의 설명이나 실제 작업결과를 정리해 보면 아이들은 오픈 스페이스에서 자기 학급에 가까운 영역일수록 자신들이 우선적으로 사용할 수 있고, 또 각 공간의 독립성을 높이면 누구든 자유롭게 사용할 수 있는 공간이 생성된다고 인식하고 있었다. 다시 말해서 그 장場의 공공성이 어떻게 하면 높아지는지를 아이들 스스로가 인지하고 있다는 것이다. 이것은 앞에서 소개한 레이아웃 변경을 통한 행태관찰 조사결과와도 일치한다.

그 밖에 주목할 만한 행위로는 주로 시험 때 사용되는 개인학습용 책상을 배치할 때 간격을 벌려놓거나 사이에 칸막이를 설치하는 등 서로 보지 못하도록 배치하는 경향이 있었고, 컴퓨터 코너를 타인이 보지 못하도록 칸막이로 둘러싸는 경향이 있었다. 또 교실이 차분한 분위기가 될 수 있도록 교실과 오픈 스페이스 사이에 칸막이나 책장을 배치하고, 다른 학급의 아이들이 들어오기 어렵도록 교실 벽과 기둥 사이에 칸막이나 화분을 두는 등 다른 학생 및 다른 학급과의 관계를 크게 의식하고 있었다. 이것은 교실과 오픈 스페이스가 오픈된 환경이었기 때문에 자연스럽게 체화된 것으로 판단된다.

공간의 성질과 교류의식

지금까지 사례로 든 오픈 플랜 학교는 학년간의 교류, 학교 전체의 교류 촉진이 중요한 계획개념이었다.

공간의 개방성이 실제로 어느 정도 학년 · 학급의 교류에 영향을 미치는 것일까? 이것을 조사하기 위해서 동경과 요코하마의 재래식 학교에서부터 오픈 플랜 스쿨에 이르기까지 공간형식이 다른 학교들을 대상으로 앙케트 조사와 인터뷰 조사를 실시하였다.

앙케트 조사결과 공간의 오픈 정도와 교류 정도는 직선적인 상관관계를 나타내지는 않았지만, 교사들과의 인터뷰 조사에서는 오픈 플랜 스쿨로 된 이후 이전에 비해 학생들의 교류가 촉진되었다는 의견이 많았다. 그리고 시선보다는 오히려 이웃 교실의 잡음문제를 지적하는 목소리가 많았다. 때문에 실제 수업에 있어서는 소리를 내는 수업은 공간을 공유하는 학급이 동시에 진행하고 있었고, 테스트와 낭독은 다른 장소로 이동해서 실시하고 있었다(그림 3.16).

그림 3.16 오픈 플랜 학교의 공간적 보완관계

교실에서 떨어진 다목적 홀로 이동하여 시험을 보고 있다(카토가쿠엔 교쇼 초등학교)

오픈 플랜이라고는 해도 교실과 오픈 스페이스 사이에 유리 파티션을 설치한 경우, 부분 벽을 설치한 경우, 그리고 책장과 같은 가구로 영역 구분을 해놓은 경우도 있다. 소리나 시선을 어디까지 차단할 것인지는 지금까지 논해 온 것처럼 아이들의 심리적 상황이나 행동영역에 대한 주의 깊은 관찰에서 시작되어야 한다. 몇몇 오픈 플랜 스쿨처럼 단순히 교실공간을 터놓거나 재래식 학교처럼 완전히 벽으로 막는 것이 아니라, 아이들의 행태와 심리를 충분히 반영한 보다 인간적인 학교환경을 생각해가야 할 것이다.

야나기사와 카나메(柳沢 要)

2 환자가 인지 · 체험하는 의료환경

사회적 배경과 환자의 관점

1) 사회적 배경과 의료시설

임의 설립 · 임의 가입 제도로서 존재했던 각종 직장보험이나 지역보험이 1958년 국민건강보험법의 전면개정에 따라 1961년 국민 개호보험제도로 완성되었다. 이에 따라 얼마나 많은 환자들에게 서비스를 제공할 수 있을지, 제한된 예산 속에서 어떻게 시행할지에 대한 문제가 의료기관에 요구되면서 각 과에 분산 · 배치되어 있었던 시설설비의 통합이 이루어졌고, 의료기능의 고도화 · 고기능 · 중앙화가 진행되었다. 또 국민 모두가 평등하게 의료서비스를 받을 수 있도록 충분한 병원수와 병상수를 확보하기 위해 각 지역에 균등하게 '질적으로 우수한' 병원을 점차적으로 건설하였다.

연구 분야에서는 모든 병원에 공통으로 적용할 수 있는 건축계획 이론의 제공이 주요한 과제로 부각되었다. 구체적으로는 외래환자의 지역적 분포로부터 병원의 적절한 배치 · 분포가 검토되었고, 환자의 상태를 고려하여 의료시설의 기능분리 등이 제안되었다. 또 시설 자체의 계획에 있어서는 입원기간을 단축하는 것이 당시의 사회복지 사고방식에 부합하는 것이었기 때문에 외래환자를 어떻게 잘 보살필 수 있을까? 청결과 불결의 적정수준 및 환자와 직원의 동선을 어떻게 분리할까? 또 병동에서 케어를 담당하는 간호사의 동선을 어떻게 하면 짧게 할 수 있을까? 와 같이 기능성 · 효율성 향상을 목적으로 한 연구가 주를 이루었다.

당시의 사회적 배경에서 본다면 모든 국민이 평등하게 일정 수준의 의료나 간호 혜택을 누릴 수 있도록 하는 것이 중요한 가치였고, 이러한 점에서 목표는 분명했다. 그러나 의료기술이나 방법, 장치 등의 고도화 · 고액화는 이러한 시설정비의 속도를 훨씬 상회해서 의료시설의 기능분화가 필연적으로 요구되게 되었다. 이러한 기능분화는 의료시설의 차별화로 표출되었고, 의료기능의 고도화를 목표로 하는 병원과 환자를 보다 많이 받아들이기 위해 시설환경의 정비나 서비스에 역점을 두는 병원들이 나타나기 시작했다.

시행과정에서는 제한된 총 사업비 중에서 의료의 고기능 · 고도화에 얼마만큼 투자할 것인가? 또 한편으로는 환자를 위한 쾌적한 환경조성에 얼마만큼의 투자를 할 것인가? 가 양대 문제로 대두되었다. 연구분야에서는 분산 · 배치된 충분한 화장실 계획이 중요한 연구과제였고, 환자의 생활기능 향상과 조기회복, 수익, 효율성 등의 관계뿐만 아니라 설계자와 의료종사자들 사이에 진행된 논의들에도 도움이 될 수 있는 보다 현실적인 문제들에 관심이 기울여졌다.

경제발전을 원동력으로 의료시설 환경의 일상적인 기능성도 꾸준히 향상되었지만, 한편으로는 소비자로서의 환자의 권리부재에 대한 비판－이제까지 잠재해 오던－이 표면화되어 폭넓은 사회보장을 실현하기 위한 병원의 변화가 새롭게 요구되고 있다. 여기에 현재 의료시설이 처해 있는 사회적 배경이 있다.

2) 환자의 관점

병을 치료한다는 의료의 기본적인 역할은 위와 같은 배경 하에서 '어떻게 하면 환자의 관점에서 보다 나은 치료환경을 제공할 수 있을까?' 라는 개념까지 의식을 넓히지 않으면 안 되게 되었다. 즉, 환자가 자신의 가치관에 입각해서 치료방법을 결정하는 플레인트리 Planetree 운동이나 IC informed consent의 실현, 그리고 호스피스에 대한 기대로 상징되는 과제이다.

시설환경에 있어서도 '환자는 병원에서 요양한다'는 하나의 가치만으로 입원생활이나 통원을 하는 것이 아니기 때문에 설계자나 건축계획 연구자에게 보다 넓은 시야가 요구되고 있다. 이제까지는 설계자 · 연구자의 목표와 이루어야 할 가치가 명확했다고 할 수 있지만, 현재로서는 의료시설이라는 환경 속에서 환자가 생각하는 다양한 가치(목표)를 찾아내야 할 필요성이 있다.

예전부터 환자의 관점에서 생각하는 것은 설계자나 연구자의 역할이었지만, 실제 '환자의 관점'이 되는 것은 '보통사람의 관점'과 어떻게 다른가? 와 같은 논제들의 대부분은 아직 명확하게 규명되어 있지 않은 듯하다. '단기간 머물면서 그곳에서 생활한다'는 점만으로 호텔과의 유사성을 떠올리며, 이것을 무비판적으로 좋다고 하는 쾌적성에 관한 논의가 그것을 뒷받침하고 있다. '환자의 관점이란 무엇인가'에 대해 직접적으로 논의하는 것은 어려운 일이지만, 이 장에서는 의료시설이라는 환경 속에서 환자가 부득이하게 머물며 생활해야 하는 현상을 환자들의 행태와 인지를 통해서 살펴보고자 한다.

입원생활의 인지와 행태

여기에서는 고상균 高商均[5]의 논문을 토대로 입원기간 동안 어떤 식으로 환자의 행태와 인지가 변해가는지를 살펴봄으로써 병원에서의 '환자(인간) - 병원(환경)'의 관계를 고찰해 보고자 한다.

1) 환자의 생활장면 사례

① E씨(62세, 여성, 유방암) : 수술을 받기 위해 입원한 E씨는 같은 병실의 사람과 나이가 비슷하고, 인간관계가 양호한 편이다. "수술 전날에는 같은 병실 사람의 안내로 위층에 야경을 보러 가거나 후지산을 보러가기도 했다"고 한다. 수술 직후에는 행동범위가 좁아져 재활운동을 겸해 병실 주변의 복도를 왔다갔다 하는 정도였지만, 병실 바깥의 세면대나 화장실을 이용할 때 또는 병실 앞 복도에서 밖을 내다볼 때는 다른 병실의 환자와도 인사를 나누게 되었다. 그 후 산책을 하거나 뜨거운 물을 받으러 가거나 데이룸에 있는 냉장고나 TV의 이용이 많아졌고, "멀리 떨어진 병실까지 아는 사람이 생기고, 서로 말을 걸고, 함께 데이룸에서 차를 마시거나 하는 사이가 됐다"고 한다. 한편 병실 안에서는 다른 환자와 이야기를 나누거나 차를 마시거나 하는 모습을 자주 볼 수 있게 되었다. E씨는 "자신의 침대 주변이 가장 편안하다" 고 말한다(그림 3.17).

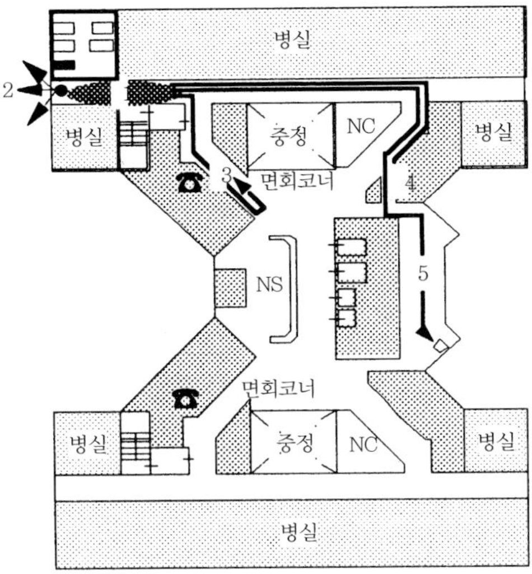

1. 카테터 catheter와 링거를 달고 병실 앞 복도에서 인접 병실의 환자와 인사를 나누거나 정보를 교환한다.
2. 병실청소나 시트교환 등 시간이 있을 때 복도에서 밖을 내다보는 모습을 자주 볼 수 있다.
3. NS 앞은 그다지 지나다니고 싶지 않기 때문에 엘리베이터 홀의 상황을 슬쩍 보고 돌아오거나 한다.
4. 뜨거운 물을 받으러 가서 맞은편의 환자와 이야기를 나누거나 함께 차를 마시거나 한다.
5. 냉장고를 사용할 때 자주 지나다니는 루트.

그림 3.17 E씨의 행동관찰 (회복기)

② M씨(48세 · 여성 · 경부척추신경증) : 정형외과 질환으로 입원한 M씨는 입원 시 5인실의 정중앙(3개의 침대가 나열된 쪽의 정중앙)에 있는 침대를 사용했는데, "갇혀있는 느낌이 들어서 편히 잘 수 없었다"고 한다. 그 후 한사람이 퇴원해서 자리를 창가 쪽으로 옮기고 나서야 마음이 좀 안정되었다고 한다. "병실에서는 침대 위에서 운동하는 시간을 되도록 늘리려고 하고 있다"고 했지만, 침대 주변의 물건정리나 식사 후 차를 마시면서 다른 환자들과 이야기를 나누거나, 또 온수를 받으러 가거나 전화를 걸러 가는 등 병실 밖에서도 수많은 행동을 전개하고 있었다.

입원 당시에는 '로비 같이 편히 쉴 수 있는 장소'로 느껴지던 면회코너였지만, 점차 NS(간호 스테이션)가 신경 쓰이기 시작해서 가족과의 친밀한 대화 등은 NS에서 보이지 않는 데이룸을 이용하게 되었다. 또 아침식사 전에는 같은 병실의 환자와 데이룸에 온수를 받으러 가기도 하고, 그곳에서 일출을 보거나 TV를 보며 차를 마시는 횟수가 늘어났다. 그리고 데이룸에서 병원 밖을 지나는 사람들을 보고 그 날의 '바깥세상 분위기'를 상상하는 게 즐겁다고 한다.

게다가 입원 초기에는 인접 병동에 있는 전화를 사용했지만, NS 앞을 지나는 것이 신경 쓰이기 시작해서 지금은 자신이 머물고 있는 병동의 전화를 작은 목소리로 조심스럽게 사용하고 있다고 한다. 마찬가지로 물 끓이는 코너까지 가려면 NS 앞을 지나가야 하기 때문에 데이룸 쪽을 이용한다고 한다(그림 3.18).

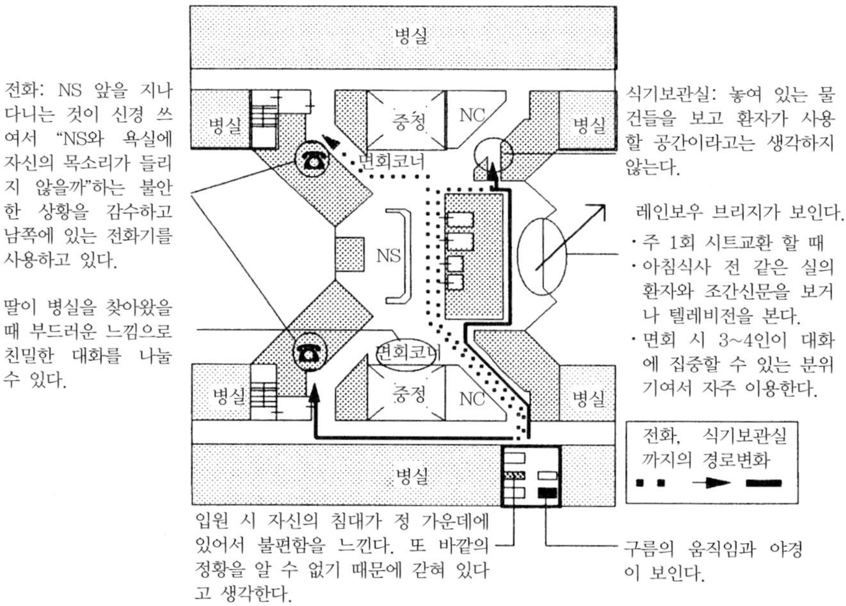

그림 3.18 M씨의 행태와 이동경로의 변화

2) 시간의 흐름에 따른 환자의 인지와 행태 변화

이와 같이 환자는 우발적 사고나 질병으로 인하여 가족과 동료, 그리고 자신의 집이나 직장을 떠나 병원이라는 환경 - 의료 관계자와 환자들에게 둘러싸인 - 에 머물게 된다. 그런데 이러한 환경이행環境移行에 있어서 다수의 환자가 몇 가지 특징적인 경위를 가지고 환경을 재구축하고 있다는 사실을 발견할 수 있었다. 다음은 그 특징들을 정리한 것이다.

① '탐색 · 구축'의 행태

병원에 입원하면 환자는 환자복으로 갈아입고, 간호사로부터 시설의 위치나 사용법, 생활상의 규칙 등에 대한 설명을 듣는다. 또 직접 장소를 안내받거나 안내책자 등을 읽고 자신이 병원에서 이용할 수 있는 시설이나 설비, 장소 등을 깨닫게 된다. 이 때 환자가 얻는 정보는 병원 측이나 설계자가 의도한 시스템을 포함한 이용규칙, 즉 관리된 정보이다. 그러나 환자는 정해진 일과대로 생활할 때나 또는 그것이 우연히 발생하는 것일지라도, 결론적으로 다양한 탐색적 행동을 하고 있다. 예를 들어 저 물건을 사용해도 되는지 안 되는지, 저곳은 가도 되는 장소인지 아닌지 등의 정보를 얻고 있는 것이다. 또 이것들은 환자 간의 대화 속에서도 나타나기도 하고, 또 환자 자신의 체험에 의해서 얻어지기도 한다. 이와 같이 환자들은 관리되지 않는 정보 - 관리자 측이 제공하는 정보 이외의 모든 것 - 를 환자 자신의 직접적인 행동을 통해 파악하고 있다. 그리고 이를 통해 물리적 환경과 사회적 환경의 존재를 인지하고, 또 병원이라는 환경을 자신의 의식 속에 구축하고 있다.

② '환자역할'로서의 행태

입원하는 순간부터 환자는 그전까지는 평범했던 자신을 진짜 '환자'로 인식하기 시작하여, 자신의 행동을 환자로서의 역할에 비춰 판단하게 된다. 즉 늘 일상적으로 하던 행동도 NS - 관리자의 눈이라는 상징적 의미를 가진 - 를 의식해 환자로서는 해서는 안 된다고 생각하는 경우가 생긴다. 이와 같이 '주위 사람들이 자신을 환자 취급하고, 본인도 이에 수긍하여 그 역할을 받아들인다[6]'는 환자역할로서의 행동은 자신이 관리되고 있다는 의식과 환자 자신이 생각하는 규범이 상호작용하여 생겨난다고 볼 수 있다. 전술한 사례에서 사실 병원측이 돌아다니는 것을 규제하고 있는 것도 아니고, 또 어느 곳의 전화기를 사용하든

아무 상관이 없다. 오히려 NS의 간호사들은 "어떻게 하면 환자들의 프라이버시를 지켜줄 수 있을까?"를 고민하고 있었다.

③ '지정 용도를 벗어난 시설 · 설비 이용' 행태

병원직원이나 설계자가 사용방법이나 기능을 지정한 환경이라도, 실제로는 환자들에 의해 다른 목적이나 방법으로 사용되는 경우를 자주 볼 수 있다. 예를 들면 면회 온 상대가 누구-가족 또는 직장 상사-인가에 따라서, 또 대화내용이나 면회인 수에 따라서 면회코너와 데이룸을 구분해서 사용하는 경우이다. 또 다른 예로는 대화내용에 따라 자신이 속한 간호단위의 전화 대신 외래나 중앙 진료부에 설치된 전화를 사용한다거나, 간호단위 내의 냉장고를 사용하지 않고 인접 간호단위에 있는 냉장고를 사용하는 경우 등이 있다. 그런데 여기서 데이룸의 양측에는 각 간호단위별로 냉장고가 비치되어 있지만, 어느 쪽을 사용해야만 한다는 규제는 없다. 물론 데이룸을 면회장소로 사용하면 안 된다는 규정도 없다. 이와 같이 환자는 공간이나 물건에 담겨진 암묵적인 룰에 따라서 그것들을 사용하고 있지만, 시간이 지남에 따라 이러한 룰과는 다른 사용방법을 터득하게 된다.

병원직원이나 설계자는 '기능과 용도에 따라 공간을 대응시키고, 각 간호단위에 맞춰서 적정한 설비와 비품을 설치한다'는 조작을 한다. 하지만 입원 초기에는 그러한 기대대로 이용되지만, 시간이 지남에 따라 '환자역할에 역행하고 싶다'는 의식과 다음에 설명할 '익명성匿名性 속에 자신을 두고 싶다'는 의식으로부터 이러한 룰과는 다른 사용행태가 생겨난다. 또 환자 자신이 탐색을 통해 얻는 다양한 정보로부터 행위에 대응하는 보다 적절한 장소를 인지하게 되고, 이에 의해 마찬가지로 공간의 선택 사용이 이루어지는 것이다(그림 3.19).

④ '익명성匿名性'에 입각한 행태

앞에서 설명한 것처럼 지정 용도를 벗어난 환자의 행태 속에는 이른바 '익명적으로 행동하고 싶다'는 의식에 기인하는 것도 있다. 또 이것은

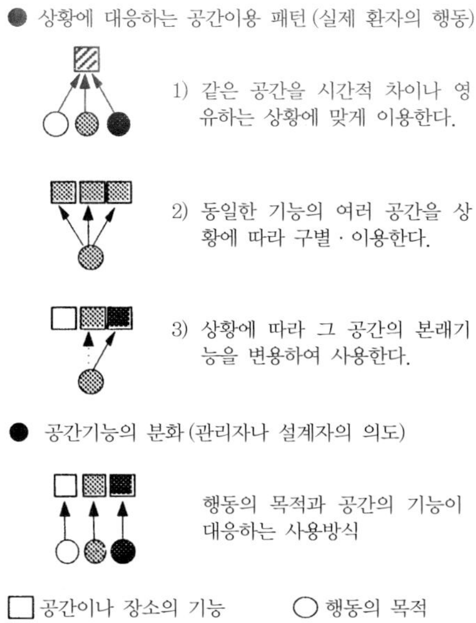

그림 3.19 환자의 공간이용 패턴

'환자역할'에 대한 회피행동으로도 해석할 수 있다. 예를 들어 늦은 밤까지 잠 못 이룰 때 혼자 있고 싶어서 데이룸에 가려했지만, NS가 신경 쓰여 외래를 돌아다니는 경우가 이에 해당한다.

그런데 이렇게 '관리되고 있다고 느껴지는 영역'을 벗어난 곳에 환자가 머물러 있는 경우는 사람들이 많은 공간 – 외래 · 진료 부문 등과 같이 – 에서도 자주 관찰된다. 웨스틴 A. Westine[7]은 프라이버시를 확보할 수 있는 상황을 ① 독거 Solitude, ② 친밀 Intimacy, ③ 익명 Anonymity, ④ 확보 Reserve로 정의하고 있는데, 독거 獨居가 불가능한 다인실보다는 오히려 외래 대합실과 같이 '익명적인 상태'가 프라이버시를 획득하기 쉽다고 생각하는 경우이다(그림 3.20).

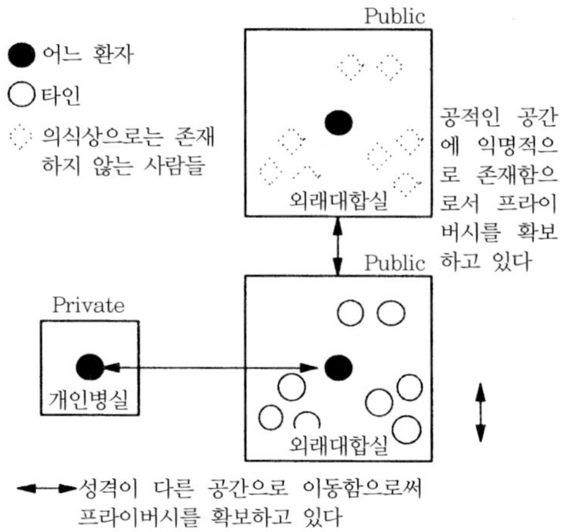

그림 3.20 익명적 행동과 프라이버시

⑤ '장소와 현상에 대한 의미부여'로서의 행태

어느 장소를 반복적으로 이용하면서 얻어지는 체험을 통해 그 장소에 대한 의미부여가 일어난다. 즉 입원 초기에는 자신의 침대 주변이나 병실 근처가 주 행동범위였지만, 점점 아는 사람이 늘어남에 따라 다양한 공간에서 다양한 체험을 하게 된다. 예를 들면 친해진 환자와 데이룸에서 차를 마시며 담소를 나누는 것이 일과가 되거나, 물리치료를 받기 위해 매일 지나치던 2층의 한 공간-처음에는 별생각 없이 지나쳤던-에서 1층 외래를 내려다보는 것이 즐거움이 되거나, 또 외부와 별로 접할 기회가 없어서 느끼지 못했던 바깥의 모습이 1층 현관에서 면회객을 배웅할 때 느껴지거나, 매일 아침 온수를 받으러 간 데이룸에서 일출을 감상하거나, 그리고 전철역으로 가는 사람들의 차림새를 보고 바깥 날씨나 분위기를 상상하는 것과 같은 것이다. 이와 같이 비록 병원이라는 한정된 생활환경일지라도 환자들은 환경에 대한 적극적인 작용을 통해서 병원 내 몇몇 장소나 현상들에 나름대로의 의미를 부여하고 있다.

3) 환경의 재구축再構築과 건축계획

환자의 행태는 '환자역할'에 입각한 것이다. 또 입원 시 병원 측이 제공하는 '관리된 정보'가 근본이 되기는 하지만, 시간이 경과함에 따라 다양한 계기로 병원 내의 새로운 공간과 사물의 존재를 인지하고, 이 특징들을 자신들의 의식 속에 구축해 나간다. 다시 말해서 '환자'라는 역할의식과 상호작용하여 검사 · 수술 · 회복기 · 리허빌리테이션 rehabilitation 기간 등에 있어서 적절한 공간과 사물의 구분 · 사용이 이루어진다. 재차 언급하지만 환자들은 정해진 기능이나 룰에서 벗어나 각자가 가진 다양한 목적이나 방법으로 공간과 사물을 이용하는 사례가 매우 많다.

다른 관점에서 본다면 공간이나 사물에 내재되어 있는 다양한 행태 유발 잠재력이 개개의 환자에게 있어서는 매우 특별한 의미가 되고, '병원이라는 새로운 환경에서의 생활'을 풍요롭게 하고 있다는 것이다.

결론적으로 이러한 환자들의 인지와 행태는 1 공간에 대한 인지를 자신의 의식에 질서화 하는 것, 2 새로운 소재들을 기존의 논리적 구조에 짜 넣으려고 하는 것, 3 그 소재들을 종합적인 단위로 구축할 수 있는 새로운 논리적 조직을 만들어 내는 것, 이라는 'organizaion' (G. R. Loftus, E. F. Loftus)[8) 개념을 병원이라는 환경 속에서 다시 '재구축'한다는 의미로 이해할 수 있다(그림 3.21).

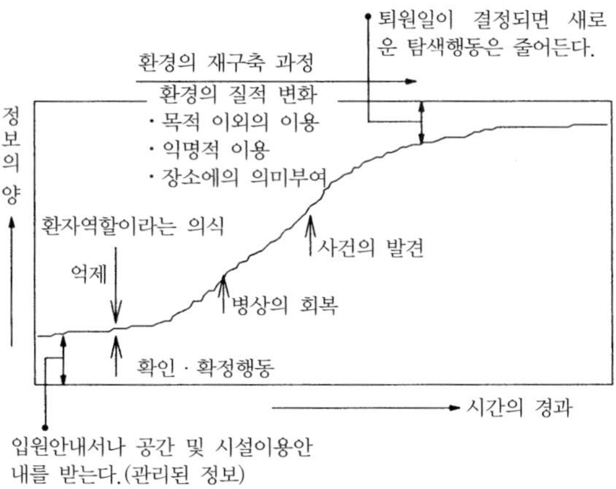

그림 3.21 재구축 과정

이러한 관점에서 보면 의료시설계획에 있어서 몇 가지 구체적인 논의점이 드러난다.

① 병원 계획 및 설계 단계에서 획일적으로 공간과 사물의 기능과 용도를 결정하였더라도, 실제로는 환자가 환경을 친밀하게 재구축하는 과정에서 다양한 구분 · 사용이 발생한다는 것.
② "다른 사람과 얼굴을 마주하고 싶지 않다", "자신의 존재를 남이 의식하는 게 싫다", "환자역할에 거스르고 싶지만 그 행동을 남에게 들키고 싶지 않다"는 등의 의식이 생기면 환자들은 사람이 없는 외래 대합실에 틀어박히거나 외래환자들 사이에 익명적으로 존재함으로써 프라이버시를 확보하고 있다는 것.
③ 외부와의 접촉이 단절된 병원이라는 환경 속에서 환자들은 단순히 외부환경 - 정원의 나무나 하늘, 거리를 지나는 사람 등 - 을 시각적으로만 바라보고 있는 것이 아니다. 즉 외부사람들의 활동을 통해서 사회적 연대감을 유지하고, 그들의 의복에서 바깥의 기온이나 계절을 짐작하는 등 다양한 의미를 가지고 밖을 보고 있다는 것.
④ NS는 간호라는 점에서 병동 내 가장 중요한 거점이지만, 환자의 관점에서는 자신들을 관리하는 감시대로 인식하는 경우가 있다. 즉 상황에 따라 때로는 환자의 증상 변화에 따라서 환자의 의식 속에 있는 NS는 그 의미가 변화되고 있다는 것.
⑤ 환자 자신이 원할 때 참가할 수 있고, 때로는 그곳에서 기다리고 있으면 기대대로 커뮤니티가 형성되는 장소가 이미 각 환자들의 생활 속에 자리 잡고 있다는 것.

지금까지의 병원 건축은 특정 기능을 가진 공간이 최대한 그 기능을 발휘할 수 있도록 계획하는 것이 최우선 과제였다. 또 병동을 관리하는 간호사들이 그곳을 감시하기 쉽도록 계획하는 것도 중요했다. 그리고 환자의 생활공간과 같은 경우는 환자들의 이용목적 - 어느 정도 관리된 - 에 대응하는 공간 설치에만 치우치는 경향이 있었다. 하지만 앞서 기술한 다양한 논의점들이 시사하는 바는 환자가 행동할 수 있는 모든 장소, 특히 홀이나 통로를 포함한 무명無名 스페이스-반드시는 아니지만 보통 공간의 이름이 없는-야말로 계획대상으로 하지 않으면 안 된다는 것이다. 또한 그 계획은 환자가 어떤 상황에서 어떠한 방식으로 그곳에 머물고 싶은지에 관해서도 충분히 고려되어야 한다. 적어도 위에 기술한 상황을 배려하는 것만으로도 병원에서의 정형화된 입원생활-암묵적으로 그저 조용히 치료 및 요양을 마치고 퇴원하는-에 풍요로움을 줄 수 있을 것이다.

▪ 병실공간의 인지구조

병실공간은 이제까지 치료 및 회복하는 공간으로서만 취급되는 경향이 강했고, '입원해서 생활한다'는 생활거점의 관점에서 계획되는 경우는 적었다. 그러나 실제로, 환자들은 그때그때의 상황에 맞게 병상 주변의 환경을 '자신의 장소'로 다양하게 조절하고 있다. 이러한 환자 자신의 환경에 대한 능동적인 행태들-물건을 놓는 방식이나 수납방식, 또는 커튼이나 문, 창 등의 개폐조절, 신체방향의 설정이나 자세를 취하는 방식 등등-을 우리는 쉽게 찾아볼 수 있다.

여기에서는 노다 쇼꼬野田章子[9]가 실시한 '병실 내 침대 주변에서의 다양한 수납방식과 배치방식에 대한 지속적 관찰' 결과를 토대로 병상 주변, 즉 환자 개인공간의 특징에 대해서 설명하고자 한다.

1) '물건' 그 자체의 특성과 취급되는 방식

① 컨트롤되는 방식

물건에는 '그것이 누구 소유인가?', '누가 사용하는가?', '그것을 사용하는 목적과 빈도가 어느 정도인가?', '누가 주체가 되어 그것을 이동시키거나 수납하는가?'(이하 컨트롤)라는 측면이 있다. 당연한 이야기지만 [생활자립도]가 낮은-특히 여러 카테터catheter를 꽂고 있는-환자의 침대 주변 공간에는 간호사가 컨트롤하는 물품이 많았고, 생활자립도가 높고 거의 일상생활에 제한이 없는 환자 주변에는 자기 자신이 컨트롤하는 물품이 많았다(그림 3.22). 물론 물품의 사용목적과 빈도가 그 물품을 위치시키는 방식이나 수납하는 방법에 영향을 미치게 되는데 사용빈도가 높은 물품은 침대 주변의 수납테이블 위에 놓여지는 경향이 있었고, 이 테이블의 서랍 안에 수납할 때에는 몸에서 좀 더 가까운 위치에, 또 자신이 컨트롤하는 물품은 여러 사람이 컨트롤 하는 물품에 비해 자기 몸쪽 가까이에 두는 경우가 많았다.

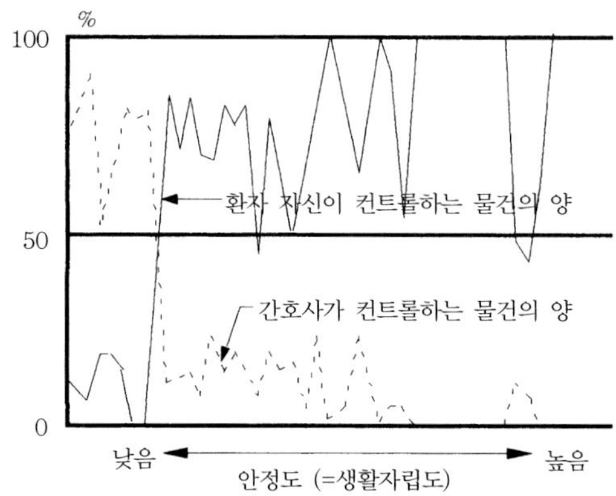

그림 3.22 생활자립도와 물건의 컨트롤 주체

하지만 체온계는 병원에서 지급한 물품임에도 환자 자신이 컨트롤하는 경향이 있었고, 반대로 환자의 개인물품을 간호사가 컨트롤 하는 경우도 있었다. 또 세안용 수건은 생활자립도가 낮은 환자라도 이를 다른 사람이 취급하게 하는 일 없이 자신이 컨트롤 하고 있었다. 타월은 사용하면 젖는 물건이지만, 수납테이블의 타월걸이를 침대 쪽으로 돌려 사용하고 있었다. 이처럼 생활용품 중에는 비록 입원생활 - 그전까지의 평범했던 생활과는 동떨어진 병원 침대생활 - 이라 하더라도 자신이 직접 컨트롤하고 싶은 물건이 존재한다는 것을 말해주고 있다(그림 3.23).

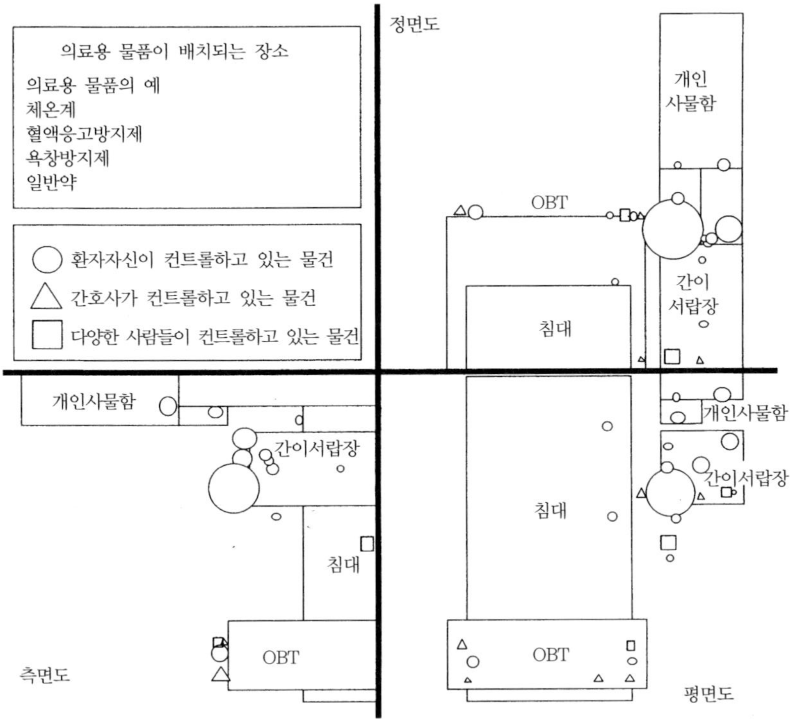

그림 3.23 개인 물품과 의료용 물품이 놓여지는 장소

② 물품의 위치와 컨트롤 주체의 변화

물품에는 - 보통 일정한 장소에 놓여지는 것은 아니지만 - 옮기기 쉬운 물품과 어려운 물품이 있다. 전자는 체온계 · 안경 · 수첩 등의 작은 물건과 티슈 · 칫솔 등 환자 자신이 컨트롤하는 물건으로 사용빈도가 높은 물건들이다. 비교적 고정적으로 놓여져 있는 물건으로는 세면기 · 의류 · 가방 등과 사용빈도가 매우 낮은 소지품, 그리고 여러 사람에 의해 컨트롤되는 물품들이다.

물건이 수납되는 위치와 놓여있는 위치 변화는 환자의 상태 · 치료내용 · 생활자립도 · 누가 컨트롤하는가 등의 변화와 관련되어 있다. 또 환자의 상태가 호전됨에 따라 생활자립도나 치료내용이 변화하는 등 몇 가지 요인이 복합적으로 영향을 미친다. 구체적으로 환자가 자신의 의지대로 편하게 움직일 수 있게 되면 그때까지 머리맡에 있었던 티슈나 서적류가 Over Bed Table(이하 OBT)에 놓여지게 된다. 또 침대 위에서 대소변을 보다가 침대 주변에서 볼 수 있을 정도가 되면 그때까지 간호사만 컨트롤하던 기저귀가 가족 등 여러 사람에 의해 컨트롤 된다. 그 밖에 수술 전후에 자주 관찰되는 변화로 개인 사물함 상단에 놓여있던 속옷이 사물함 하단으로 이동하거나 침대 위에서 보내는 시간이 길어지면서 수납테이블 위에 있던 물건들이 전체적으로 침대 쪽에 놓여지거나, 또 치료내용이 바뀌면서 의료물품이 집중되어 놓여지는 경우가 많다.

이와 같이 생활자립도가 점점 높아지면 몇몇 물건은 간호사로부터 환자 자신의 컨트롤로 변화해 가는데, 이렇게 각각의 행위에 대응하는 물건을 자신이 관리하게 된다는 것은 그 행위자체를 할 수 있게 되었다는 증거인 것이다.

2) 병상 주변공간의 인지와 건축계획

① 병상 주변공간의 특징

생활자립도가 낮은 환자, 그 중에서도 침대 위에서만 생활해야 하는 환자의 경우에는 치료내용도 복잡하고, 놓여지는 물품도 많고, 또 간호부에 의해 컨트롤되는 물건도 많이 놓여있다. 또 의료물품과 간호용품은 개인소지품이나 생필품과 함께 OBT의 비슷한 위치에 놓이지만, 간호부가 컨트롤하는 물건이 수납테이블이나 개인사물함에 수납되는 경우는 없다. 이와 같이 환자 자신이 컨트롤하고 있는 물건과 그렇지 않은 물건이 병상 주변에 뒤섞여 있는 것이 병실이라는 공간이 갖는 하나의 특징이고, 일상과는 다른 환경이라는 점에서 방문자들에게 어색함과 위화감을 주는 요인이기도 하다.

그러나 이러한 상황 속에서도 어떤 경향을 발견할 수 있다. 병상 주변의 환경에서는 이제껏 없던 물건의 배치방식이나 수납방식이 나타난다. 예를 들어 찻잔 옆에 칫솔을 둔다거나 꽃 옆에 음식을 두거나 하는 경우이다. 일상생활에서는 이렇게 조합되는 일도 없고, 또 이렇게 적극적으로 생활장면에 표출되지 않았던 물건들이 테이블과 OBT 위에 나란히 놓여지게 되는 것이다.

또 환자 자신이 컨트롤하는 물건은 병상의 중앙부에, 그리고 여러 사람이 컨트롤하는 물건은 그 주변부에 놓여지는 경향이 있는데, 이것은 개개인이 가지고 있는 공간의 영역구조와 관련이 있다고 생각할 수 있다. 하지만 반대로 자신과 떨어진 곳에 자신이 컨트롤하는 물건을 두는 경우가 있는데, 이는 신문 · 잡지 · TV · 찻잔 등으로 타월이나 세탁물과 같이 다른 사람들 눈에 띄지 않게 하고 싶은 물건들과는 조금 다르다. 이것은 자신이 컨트롤하는 물건이라도 '적극적으로 [앞쪽]에 두고 싶은 물건과 공간 [안쪽]에 수납해 두고 싶은 물건이 있다'는 것을 나타내고 있는 것이다.

② 병상 주위의 건축계획

지금까지 병상 주변에 물건이 놓이는 방식과 수납방식에 대하여 살펴보았다. 물론 이것은 적정 수납공간의 설정에도 관련이 있겠지만, 여기에서는 환자 1인의 영역이 어느 정도 확장되어 있는지에 관심을 두었다. 여기서 말하고 싶은 몇 가지 특징은,

첫째, 충분한 수납공간 확보가 환자의 침대 주변공간에 대한 만족과 비례하는 것은 아니다.

둘째, 적어도 '아름다운' 물건이 놓여지고 / 수납되는 '위'라는 공간과 '더러운' 물건이 놓여지고 / 수납되는 '밑'이라는 공간이 인지되어 있다.

셋째, 환자가 컨트롤하는 물건이 놓여지는 '병상 중앙부' 공간과 여러 사람이 컨트롤하는 물건이 놓여지는 '주변부' 공간이 존재한다.

넷째, 적극적인 표현으로서의 [앞쪽]과 그 반대 개념으로서의 [안쪽]이라는 공간의 분류가 일어난다. 이것은 환자의 의식상에 늘 존재하고 있는 것이다.

병원계획에 있어서 신발을 갈아 신는 문제는 이미 10여 년 전부터 논의가 있어 왔지만, 신발을 갈아 신는 것이 전제가 되면서 이러한 '위=아름다운',

‘아래=더러운’과 같은 분류 경향이 더 강해졌다고 생각된다. 또 환자가 머무르는 장소는 침대 위를 전제로 해왔는데, 좌식생화에서 입식생활로 생활양식이 변한 것에 비춰본다면 병원공간에 앉을 곳이 별로 없다는 사실은 반성해야 할 점이다.

현재에도 병원이라는 공간은 역시 ‘병을 고치는’ 또는 ‘병을 치유하는 방법을 터득해 가는’ 장소로서 존재하지만, 실제로는 환자의 발병 · 입원 · 치료 · 퇴원이라는 과정 속에서 다양하게 그 의미가 변화해 간다.

지금까지의 병원계획은 환자의 다양한 증상에 맞춰 기능을 분류하고, 그에 적합한 공간의 배치에만 집중해왔다. 이것은 환자의 의식이 병의 증상과 관련되어 있다는 점을 생각하면 당연한 것이다. 하지만 때로는 환자 자신은 ‘아직도 나는 환자다’라고 생각하고 있음에도 불구하고 병원을 옮겨야 하거나 퇴원을 재촉당하는 불쾌한 일이 발생하기도 한다. 즉 ‘환자의 관점에서 본 의료시설’이라는 과제는 실제 환자의 증상보다도 ‘환자가 병을 어떻게 인지하고 있는가’라는 시점부터 재구축하지 않으면 안 될 것이다.

야마시타 테츠로(山下哲郎)

04

인간행태로부터 도시환경을 읽는다

1 고령자의 지역환경

현재 고령자에 관한 문제는 개호뿐만 아니라 개호에 대한 예방, 사회적 접촉과의 격리된 생활 등으로 이어지고 있다. 이는 나이가 들면서 다소 신체적인 장애를 갖게 되더라도 일상생활은 이전과 같이 지극히 평범하게 보내는 고령자가 많기 때문이다. 거동이 불가능한 고령자나 중도 치매 고령자를 제외하면 대부분 특정한 경우에만 장애를 느낄 뿐 보통의 일상행위들을 자립적으로 해결하고 있다.

고령자의 외출과 생활영역

인간은 태어남과 동시에 점차적으로 그 생활영역을 확장해 나간다. 침대에서 거주실로, 거주실에서 주택 전체로, 주택에서 옥외공간으로 또 교통수단을 이용한 도시 전체에 이르기까지 그 영역적 확장에는 끝이 없다. 하지만 고령이 되면서 수반되는 심신기능의 저하로 그동안 확장시켜온 생활영역에서의 이동 제약이나 '생활권의 축소'가 발생하며, 이것은 고령자의 은둔생활 등의 문제로 이어지게 된다.

동경지역 내 고령자 커뮤니티에 참여하고 있는 고령자를 대상으로 일상외출수단을 '도보', '자전거(원동기자전거 등)', '전철 · 버스', '자가용 · 택시'로 나누어 조사를 실시하였는데, 장보기 · 병원 통원 · 산책 · 커뮤니티 참가는 75% 이상이 '도보'를 통해 이루어지고 있었고, 취미생활과 이웃이나 친구 등의 지인 방문은 '전철 · 버스' 등의 공공교통수단을 이용하는 사례가 많았다. 또 도보의 경우 산책을 제외하고는 대부분 10분 이내에 갈 수 있는 범위가 대부분이었다. 즉 걸어서 10분 정도의 거리가 장소 선택의 하나의 기준이

되어 있었고, 쉽게 왕래할 수 있는 영역적 범위로 인식되고 있었다.

일반적으로 고령자의 행동영역이 이전에 비해 점점 축소되고 있는 것은 사실이다. 하지만 이것은 일이나 사회적 활동이 중심이 되던 생활에서 '지역사회 밀착'이라는 환경적 이행에 따른 결과로도 볼 수 있기 때문에 단순히 신체기능의 저하로 인한 축소라고는 말할 수 없다. 또한 생활의 거점인 거주지를 중심으로 한 일상의 영위는 오히려 생활밀도를 높이고, 어느 영역적 범위 안에서는 생활영역의 확장을 가져오는 경우도 많다. 따라서 단순히 거리뿐만 아니라 밀도(빈도)에 대한 관점에서도 생활권을 파악해 볼 필요가 있다.

외출목적의 변화와 복합화

1) 외출의 특징

어느 지역의 75세 이상 재택 고령자를 대상으로 실시한 조사(해당지역 75세 이상 고령자 135명 전원)에 따르면 지난 1개월간 '장보기', '통원', '산책', '가족 방문', '지인 방문', '일' 등에서 한 가지 이상 외출목적에 해당하는 사항이 있다고 대답한 사람이 전체의 93.3%였다. 즉 후기 고령자라 할지라도 어떠한 특정한 목적을 갖고 외출하고 있음을 알 수 있다. 물론 표본집단이 조사에 협력해 줄만큼 어느 정도 건강한 고령자들이었다고 생각할 수도 있다. 하지만 '거동이 전혀 불가능한 고령자'를 제외하면 1개월 동안 한 차례도 밖에 나가지 않는 고령자는 그렇게 많지 않다. '거동 불가능 고령자'가 아닌 이상 대다수의 후기 고령자의 생활권은 집 밖으로까지 확장되어 있다.

이 후기 고령자의 외출목적을 빈도별로 분석하여 '외출타입'별 특징을 살펴보았다. 외출빈도가 가장 높은 타입은 산책형(26%)이었고, 그 다음으로 장보기형(19%), 통원형(17%) 그리고 특별한 목적 없이도 자주 드나드는 전반형(17%), 통근형(11%) 순으로 나타났다. 이것을 연령대별로 살펴보면 75~79세는 각 타입별로 고른 분포를 보이는 반면, 80~84세는 산책형과 통원형에 집중되어 있음을 알 수 있다. 또 85세 이상의 경우에는 통원형이 없어지고, 다른 연령대에 비해 방문형이 매우 큰 비중을 차지했다(표 4.1). 성별에 따른 특징을 살펴보면 남성은 여성에 비해 산책형, 통근형이 많았고, 여성은 장보기형, 통원형이 많은 것으로 나타났다(표 4.2).

표 4.1 연령대별 외출 타입(%)

	산책형	장보기형	통원형	전반형	통근형	방문형	계
75~79세	24.3	24.3	10.0	21.4	15.7	8.6	100.0
80~84세	33.3	10.0	30.0	16.7	3.3	6.7	100.0
85세~	20.0	13.3	26.7	20.0	0.0	20.0	100.0

표 4.2 성별 외출 타입(%)

	산책형	장보기형	통원형	전반형	통근형	방문형	계
남성	28.4	14.9	10.4	17.9	17.9	10.4	100.0
여성	22.9	25.0	27.1	16.7	0.0	8.3	100.0

또한 신체기능의 종합적 기준으로 인식되고 있는 생활영역별 특징을 살펴보면 자전거나 교통수단을 이용해서 장거리 외출을 할 수 있는 고령자는 각 타입에 고루 분포되어 있지만, 도보외출의 경우에는 산책형이 과반수를 차지하고 있고, 장보기형의 비중이 높았다. 근거리 외출이 가능한 고령자의 경우에는 산책형과 통원형이 많았으며, 장보기형이 급격히 줄어든 것을 알 수 있다. 그리고 주호 내부와 같은 경우는 과반수가 통원형이었고, 방문형도 비교적 높은 비중을 나타내었는데, 이 경우에는 다른 외출에 비해 자가용과 택시 이용이 많은 것으로 조사되었다. 이와 같이 주호 내부로 그 활동영역이 축소된 고령자라도 다양한 타입의 외출행위가 지속되고 있음을 알 수 있다(표 4.3).

신체기능이 저하됨에 따라 다양했던 외출방식이 산책형과 장보기형에 집중되고, 이후 통원형이 증가하는 경향이 생긴다. 또한 주호 내부가 주 생활권인 고령자의 경우에는 적은 횟수지만 통원이나 방문이 외출에 있어서 하나의 계기가 되고 있다.

표 4.3 생활영역별 외출 타입(%)

	산책형	장보기형	통원형	전반형	통근형	방문형	계
장거리 외출가능	18.8	20.3	13.0	20.3	17.4	10.1	100.0
도보외출	50.0	27.3	0.0	13.6	0.0	9.1	100.0
근거리	36.4	9.1	36.4	18.2	0.0	0.0	100.0
주호내부	15.4	7.7	53.8	7.7	0.0	15.4	100.0

2) 외출행위의 복합화

그림 4.1은 외출의 계기에 대한 응답(복수응답) 결과를 정리한 것으로 '건강을 위해서'가 약 60%로 가장 많은 비중을 차지했고, '친구와 이야기하기 위해서'도 비교적 높은 빈도를 나타냈다. 즉 '걷기', '말하기' 등과 같이 심신의 건강에 큰 도움이 되는 행위들이 계기가 되는 경우가 있고, '부탁을 받아서', '기분전환', '집에 있기 심심해서' 등과 같이 상대적으로 소극적인 계기가 외출로 이어지는 경우도 있다.

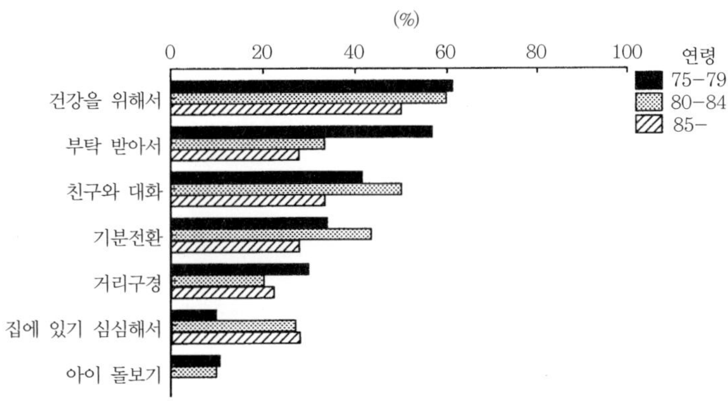

그림 4.1 외출의 계기(복수응답)

외출행위 중에서 쇼핑 및 장보기와 같은 경우는 '필요해서'라는 응답이 가장 많았는데, 이것은 '건강을 위해서', '기분전환' 등의 목적과 복합적으로 이루어지는 경우가 많았다. 그 이외에 '쇼핑을 좋아해서', '아는 사람과 대화를 나눌 수 있어서' 등과 같이 현실적인 필요성보다 부차적인 의미가 영향을 미치는 경우도 다수 있었다(그림 4.2). 또 산책의 이유로는 '기분전환'이 가장 많았고, 그 다음으로 '건강을 위해서', '밖이 좋아서', '아는 사람과 대화를 나눌 수 있어서' 등의 순이었다.

이 두 가지 외출행위에 있어서 '건강을 위해서', '기분전환', '원래 좋아해서', '아는 사람과 대화를 나눌 수 있어서'의 항목이 공통적으로 언급되고 있는데, 이것은 이러한 외출행위들이 본래의 목적뿐만 아니라 부차적인 목적 획득을 위한 수단으로도 활용되고 있음을 나타낸다(그림 4.3).

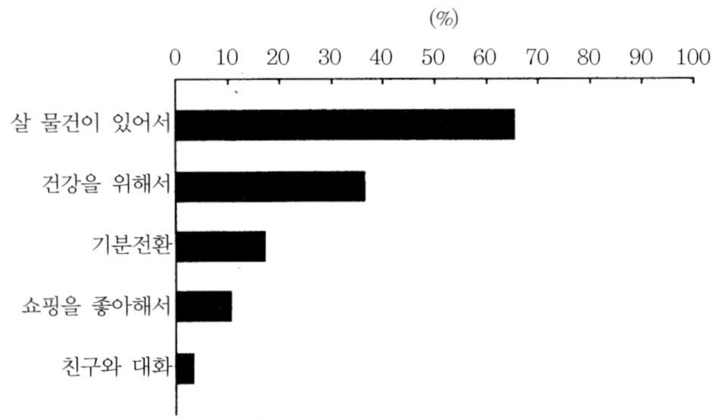

그림 4.2 쇼핑 및 장보기의 목적(복수응답)

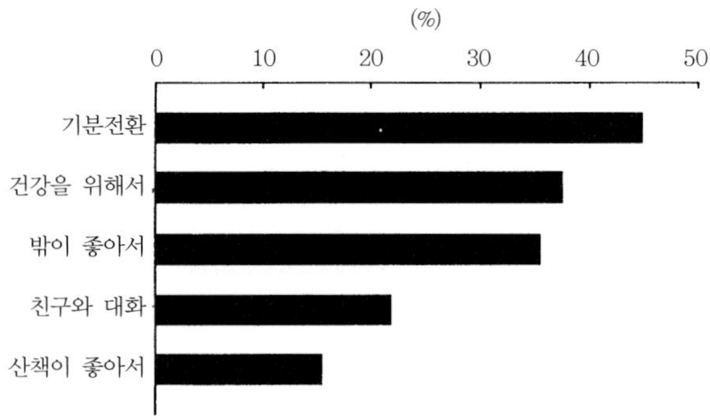

그림 4.3 산책하는 이유(복수응답)

건강을 위해서 '걷는 것'과 그 밖의 다른 건강유지 행위들을 비교해보자. 건강을 위해서 '걷는 것'은 '게이트볼 등의 스포츠'나 '체조' 등과 비교했을 때 상당히 많은 사람들이 의식적으로 행하는 경향이 있다. 연령대별로 보면 60대는 '밖을 걸어다닌다'와 '스포츠'가 거의 같은 비율로 나타나지만, 나이가 들어감에 따라 '밖을 걸어다닌다'가 증가하고 '스포츠'가 감소하며, 이것이 80대에 이르면 3배 이상 차이가 난다.

이와 같이 고령자가 걷는 이유는 단지 이동으로서의 도보가 아닌 '목적으로서 걷는다.' 그리고 '외부와 관계하기 위해 걷는다'의 의미를 내포하고 있는 것이다. 고령자가 길을 걷고 있을 때 그 의미나 계기는 매우 복잡해서 단순히 어딘가를 향하고 있거나 그냥 함께 길을 걷고 있는 것으로만 생각할 수 없다. 다시 말해서 목적·계기의 측면에서 보면 쇼핑이라고 할지라도 실제 그 사람에게 있어서는 산책행위일 수도 있다는 것이다.

■ 외출에 있어서의 행태적 특성

표 4.4는 자주 외출하는 고령자를 대상으로 외출 시에 나타나는 행태적 특성을 조사·정리한 것이다. 대다수의 고령자에게서 공통적으로 나타나는 특성은 안전 중시, 행동영역의 한정, 자기대처, 대인관계, 적당한 자극, 동작의 고유한 리듬 등이었다.

첫 번째로 외출 시 가장 문제가 되고 있는 것은 사고에 대한 우려였다. 장을 보러가거나 가게에 갈 때 다소 시간이 걸리더라도 차가 다니지 않는 안전한 뒷길을 선택하는 경우이다. 즉, 최단경로가 아닌 안전한 경로를 선호하는 경향이 많았다. 또한 다치지 않도록 매우 조심해서 걷거나 주변을 주의깊게 확인하며 걷는 것도 공통적인 특징으로 나타났다.

두 번째로 행동영역의 고정화·한정화를 들 수 있다. 예를 들어 단골가게나 익숙해진 산책코스가 고정적으로 형성되어 좀처럼 변하지 않는다. 또한 신체기능의 저하 등으로 본인에게 부담이 크거나 중요성이 적다고 판단되는 영역은 감소하거나 소멸해간다. 이 과정은 나이가 들어감에 따라 자연적으로

표 4.4 고령자 외출에 있어서의 행태적 특성

행태 특성	조사 데이터	대상자
안전성 중시	· S거리는 차가 많아서 한 블록 안쪽의 뒷길로 다닌다.	80대 남
	· 어두운 길과 차도가 험한 곳은 피한다.	80대 여
	· 슈퍼S는 거리는 멀지만 안전해서 가끔씩 간다.	70대 여
	· 사고와 부상에 특히 주의하고 있다.	70대 여
	· 계단에서 손잡이를 사용하지는 않지만, 만일을 대비해 손잡이 가까운 곳으로 걷는다.	80대 남
	· 횡단보도에서 서두르지 않고 당황하지 않고 무리하지 않는다.	80대 남
행동 영역의 한정성	· 사고 후 멀리 나가는 것이 불가능해졌다.	70대 여
	· 예전에는 긴자에 자주 갔었다.	70대 여
	· 단골 슈퍼마켓은 몇 군데 있다. 가게 사람과 안면이 있다.	80대 남
	· 장보기와 산책을 겸한다.	80대 남
	· 병원에서 돌아오는 길에 상점가에 들러서 장을 보고 온다.	80대 여
자기대처	· 장보기는 오후 3~4시쯤 붐비지 않는 시간에 간다.	80대 남
	· 주말은 붐비기 때문에 밖에 나가지 않고 시간을 선택해서 외출한다.	70대 여
	· 몸 상태가 별로 좋지 않기 때문에 되도록 외출은 안 하려고 한다.	70대 여
	· 좁은 도로는 차가 들어오지 않기 때문에 평소에 걷기 좋다.	70대 여
	· 계단, 경사로는 피하고 있다.	70대 여
지역 인연 · 지연	· 노인클럽의 친구와 왕래하고 있다.	70대 여
	· 친한 그룹은 식사모임에 많고, 근처에는 친한 사람이 없다.	80대 남
	· 친구의 권유로 그 근처에 살게 됐다(현재 왕래하고 있다).	80대 남
	· 원래 산책을 다니지 않았지만 친구의 권유로 둘이서 다니게 되었다.	80대 남
	· 산책 도중에 알게 된 사람이 2~3명 있다.	80대 여
	· 남편이 죽고 나서 노인클럽에 참가하게 되었다.	60대 여
	· 근처 도영주택 사람과는 가능한 친해지지 않으려고 한다.	60대 여
	· 공영주택 내 20가구 정도와는 친하게 지내고 있다.	80대 남
적당한 자극의 필요성	· 시설에 1년 정도 있었는데, 뭐든지 다 해주기 때문에 오히려 소극적으로 변했다. 노인만 있는 곳에서 장기간 살다보니 숨이 막힐 것 같았다.	70대 여
	· 건강 때문에 가능한 열심히 산책을 한다.	70대 여
	· 젊은 사람들의 얼굴을 보는 일이 즐겁다.	70대 여
	· 건물을 보는 것이 좋아서 자주 보러 나간다.	70대 여
고유의 리듬	· 역 계단은 4~5단 올라가서 쉰다.	70대 여
	· 걷기 시작할 때에는 손잡이가 필요하다.	80대 여
	· 작은 돌멩이가 많은 콘크리트길은 걷기 힘들다.	80대 남
	· 천천히 걷는 것은 싫다. 자신의 페이스로 걷는 것이 편하다.	80대 남

혹은 사고나 질병 등에 의해 갑자기 발생하기도 하는데, 이 경우에는 생활영역의 축소가 급격히 이루어진다. 또한 생활영역이 좁아지면 한 번 외출할 때 여러 가지 목적을 동시에 해결하려는 경향도 볼 수 있다. 이러한 경우에는 하나의 외출행동에 제2, 제3의 목적과 의미를 부여하게 되어 외출에 대한 계획성이 잘 드러난다. 즉, 한 번 외출할 때 장소와 시간대, 코스 등을 잘 편성하게 된다. 예를 들면 병원에 다녀올 경우 갈 때는 예약순서에 늦지 않기 위해 교통편을 이용해서 가고, 올 때는 시간여유가 있기 때문에 천천히 산책을 하거나 장보기 및 쇼핑도 하고 오는 것이다.

세 번째로 환경적 변화에 잘 대처하여 쾌적성을 확보하려는 경향을 들 수 있다. 자유시간이 많아지게 되는 고령자의 특성상 일반사람들이 적은 시간대에 외출하거나 경사지나 계단과 같이 걷기 힘든 길을 피해서 가는 등 자신의 상태에 맞추어 행동하는 경향을 볼 수 있다. 즉, 쾌적성 확보를 위해서 '경로의 선택', '시간의 선택'이 이루어지고 있는 것이다.

네 번째로 친한 사람과의 사회적 교류가 매우 많다는 것이다. 친한 친구와 만나는 대인행동이 외출의 큰 요인이 되고 있다. 다만 행동영역이 고정화되는 것과 같이 사귀는 친구도 한정되는 경우가 많은데, 지역 내에서의 지연관계보다 '알고 지내던' 인연들을 선택하는 경우가 많아지고 있다. 노인클럽 · 식사모임 · 예전 직장동료 등을 그 예로 들 수 있다. 이렇듯 친한 사람과의 사회적 교류가 매우 빈번해지면서 '사람의 선택'도 이루어지고 있다.

이러한 '경로', '목적지', '시간', '사람'의 선택 이외에도 '조금 무리를 하더라도 건강을 생각해서 걷고 싶다', '거리의 상황과 분위기를 확인하고 싶다', '다양한 세대층 사이에서 생활하고 싶다' 등의 적당한 자극 · 정보에 대한 요구가 외출동기가 되기도 한다.

그리고 행동 · 동작의 특성으로는 고유한 리듬을 유지하려고 한다는 점을 들 수 있다. 걸을 때 '괴롭다'라고 하는 사람도 있는 반면, 한번 걷기 시작하면 도중에 멈추기 싫어하는 사람도 있다. 또 자기만의 고유한 걸음속도를 기준으로 그보다 빨리 걷거나 늦게 걷는 것을 부담스러워하는 사람도 있다.

고령자의 행동영역

1) 외출 시의 우회행동과 행동영역

실제 외출 시의 보행경로를 조사해 본 결과 조사대상 고령자의 과반수이상이 최단경로 이외의 경로를 선택하였고, 대부분의 이유가 위험요소를 피하기 위함이었다. 여기에서는 보행경로의 우회에 대해 살펴보고자 한다.

사용한 지표는 최저한으로 필요한 우회계수(이하 우회계수)와 우회율로 자택과 목적지를 연결한 직선공간거리를 L, 최단보행거리를 S, 실제보행거리를 N이라고 하면 우회계수는 S/L로 표시된다. 우회율은 실제 보행 루트의 최단보행거리에 대한 비율(N/S)로, 이것은 실제 우회 정도를 의미한다(표 4.5).

표 4.5 외출행위별 보행경로 분석

		직선거리 (L)	최단거리 (S)	보행거리 (N)	우회계수 (S/L)	우회율 (N/S)
장보기	평균	564.0	691.3	732.5	1.25	1.05
	(SD)	408.1	478.7	533.8	0.13	0.07
	최소	110	130	130	1.06	1.00
	최대	1540	1760	2220	1.66	1.31
통원	평균	509.3	587.9	632.1	1.16	1.06
	(SD)	278.7	313.9	349.5	0.07	0.08
	최소	90	100	100	1.06	1.00
	최대	950	1080	2220	1.31	1.22
산책	평균	854.7	921.4	953.6	1.24	1.06
	(SD)	287.7	369.0	391.6	0.18	0.08
	최소	100	180	180	1.07	1.00
	최대	1200	1500	1500	1.31	1.24
복지센터	평균	330.0	429.1	480.0	1.42	1.15
	(SD)	200.3	253.5	263.8	0.52	0.26
	최소	30	50	50	1.00	1.00
	최대	650	900	900	3.00	1.71
전체*	평균	580.8	714.8	754.7	1.25	1.06
	(SD)	369.1	423.9	457.6	0.23	0.12
	최소	30	50	50	1.00	1.00
	최대	1540	1760	2220	3.00	1.71

* 표 이외의 지인 · 친구방문, 버스정류장, 노인커뮤니티 참가를 포함함.

우회계수는 '직선공간거리에 대한 최단경로'를 의미하는 것으로 본 조사에서 분석된 값은 1.00~3.00이었다. 여기서 1.00과 3.00은 각각 30m와 50m를 나타내는데, 수치상의 거리가 매우 가깝게 나온 특수한 케이스이다. 또 실제 우회율은 1.00~1.71의 범위인 것으로 나타났다. 여기서 장보기, 통원, 산책 세 항목의 우회율 범위는 1.00~1.31로, 세 항목의 평균값은 1.05이다. 과반수의 사례에서 우회가 나타났고, 직선공간거리에 대해서는 약 30%의 보행거리 증가가 나타났다.

표 4.6은 이러한 실제 보행거리와 외출빈도를 통하여 외출행위별 1일 평균보행거리를 산출한 것이다. 구체적으로 살펴보면 산책이 가장 많은 약 180m/일, 그 다음으로 장보기가 약 160m/일로 이 두 외출행위가 전체의 70%를 차지하고 있다. 다만 본 조사는 건강한 고령자를 대상으로 실시되었기 때문에 실제 보통의 고령자들은 이보다 좁은 범위일 것으로 판단된다.

표 4.6 외출행위별 1일 보행거리(편도)

	1개월 평균빈도		1일 평균 보행거리(m)	1일 평균 보행거리(m) (참고값)
	외출 전체	도보 뿐		
장보기	8.53	6.47	162.8	208.3
병원	1.49	0.72	15.2	31.4
의원	1.68	1.27	27.8	35.4
산책	6.99	5.77	183.4	222.2
노인커뮤니티	1.47	1.27	20.3	23.5
취미	2.07	0.81	13.0	33.1
게이트볼	4.03	3.10	49.6	64.5
자녀 방문	0.82	0.12	2.7	18.2
지인 방문	0.81	0.81	18.0	40.2
전체	28.90	20.34	492.6	676.8

· 1개월 평균빈도 : 매일=30, 2일 1회=15, 주 1~2회=6, 월 2회=2, 월 1회=1, 없음=0,
· 도보빈도 : 1개월 평균빈도와 도보비율의 곱
· 1일 평균보행거리 : 1개월 평균빈도와 평균보행거리를 곱해서 1일 평균으로 환산.(평균보행거리는 표 4.5에 있는 결과를 목적별로 사용)

표 4.7은 1일 평균보행거리를 기초로 빈도수를 고려한 외출행위별 보행거리를 산출한 결과이다. 예를 들어 장보기와 같은 경우 1일 평균 160m이므로 매일 외출하는 경우에는 160m 정도의 범위지만, 2일 1회인 경우에는 그 2배인 320m 정도를 생활권으로 생각할 수 있다. 또 일주일에 한번 몰아서 장을 보는 경우, 즉 가끔 멀리 떨어진 대형마트나 전문점 등에 가는 경우에는 1,100m 정도의 범위를 생활권으로 볼 수 있다.

표 4.7 빈도를 고려한 외출행위별 보행거리(m)

외출행위	대표 빈도	보행거리	해당하는 시설 등
장보기	매일 2일 1회 주 1회	160 320 1,100	 슈퍼마켓
의원	주 1회 2주 1회	200 400	
산책	매일 2일 1회 주 1회	180 360 1,250	자택 주변 보도(왕복 720m)
게이트볼	매일 2일 1회	50 100	 공원
노인커뮤니티	주 1회 월 1회	140 600	집회실 정기모임 = 집회시설
지인방문	주 1~2회 월 1회	60 540	주변 3가구의 이웃 커뮤니티 단위

이와 같이 고령자의 외출행위와 행위별 빈도를 고려한 행동영역을 살펴보면 일상적인 레벨의 생활권, 2일에 1회 정도의 생활권, 1주 단위의 생활권, 혹은 1개월이나 1년 단위의 생활권이 있다. 또 외출목적과 자신의 신체기능 등 전반적인 상황에 맞는 생활권을 선택하고 있다. 고령자에게는 긴 생활의 역사가 있고, 그 잠재적인 생활권은 상당히 넓다.

2) 보행경로의 선택유형

각 대상자에게 실제 외출할 때의 경로를 지도상에 표기하게 하고, 이를 토대로 유형분석을 실시하였다. 각 유형별 특징과 그 확장방식에 대해 살펴보자.

① 직선형(그림 4.4)

직선형의 확장방식을 가지는 유형으로 하나의 직선코스에 목적지가 거의 포함되어 있다. 자택과 가장 가까운 전철역(부근의 중심지)으로 생활범위가 한정되어 있는 경우가 많다.

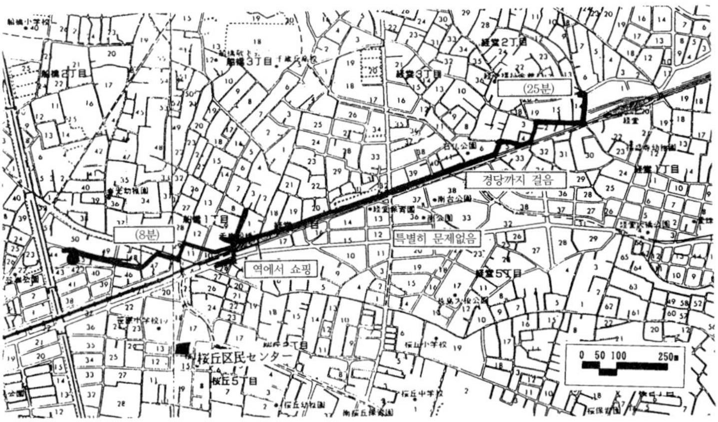

그림 4.4 직선형(케이스 1)

② 일주형(그림 4.5)

산책 중심의 확장방식을 가지는 유형이다. 산책하는 김에 다른 일도 함께 처리하는 경우가 많다.

③ 확장형(그림 4.6)

도중에 휴식을 취하며 영역을 넓혀가는 유형이다. 한 번의 보행거리는 그다지 길지 않지만, 이를 반복적으로 되풀이함으로써 1회 외출의 행동영역을 넓히고 있다.

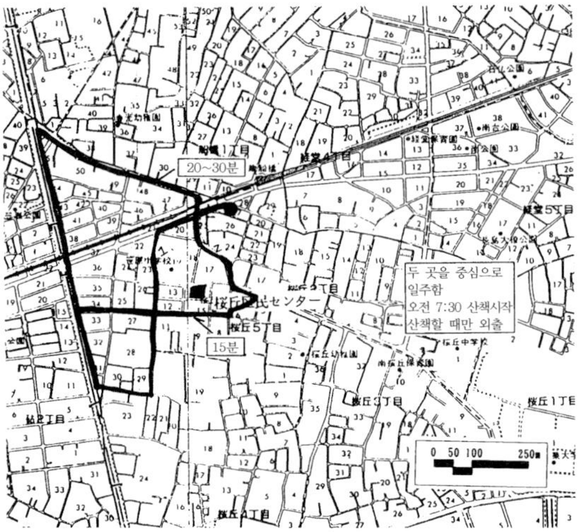

그림 4.5 일주형(케이스 2)

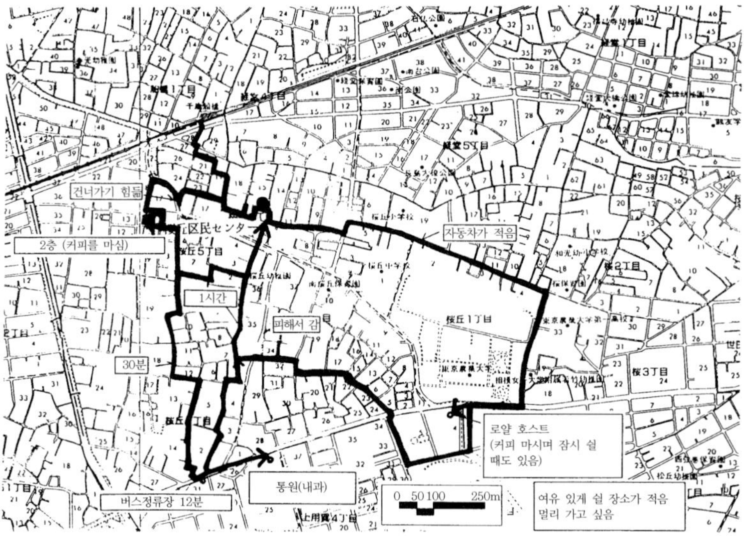

그림 4.6 확장형(케이스 3)

④ 목적지형(그림 4.7)

가장 일반적인 유형으로 외출목적에 따라 목적지가 결정되어 있다.

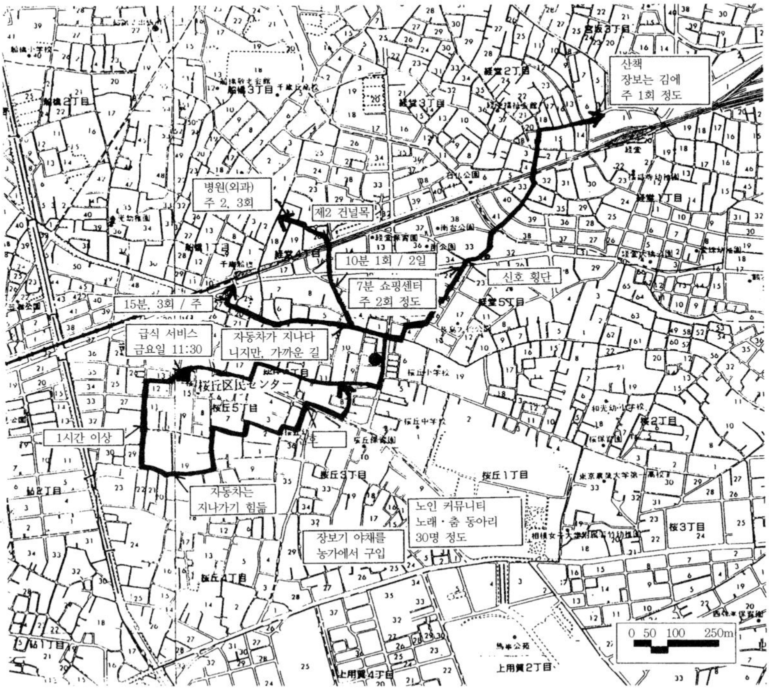

그림 4.7 목적지형(케이스 4)

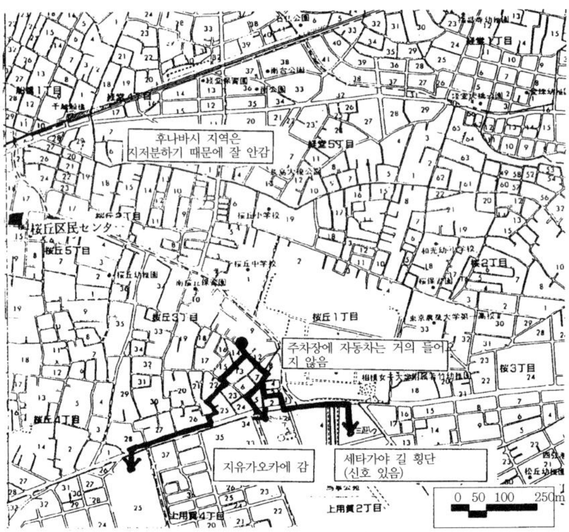

그림 4.8 특정지역 우회형(케이스 5)

⑤ 특정영역 우회형(그림 4.8)

특정영역을 피하기 위해서 편하고 가까운 길 대신 우회하는 유형이다. 회피하는 구역은 위험한 장소나 경사로 · 계단 등의 '장애요소'가 있는 경우가 많다.

⑥ 무한정형(그림 4.9)

딱히 목적지를 정해두지 않고, 어떻게든 외출하는 것을 목적으로 하는 유형이다. 평범한 성인의 외출과 비슷한 경향을 보이며 생활권도 상당히 넓다.

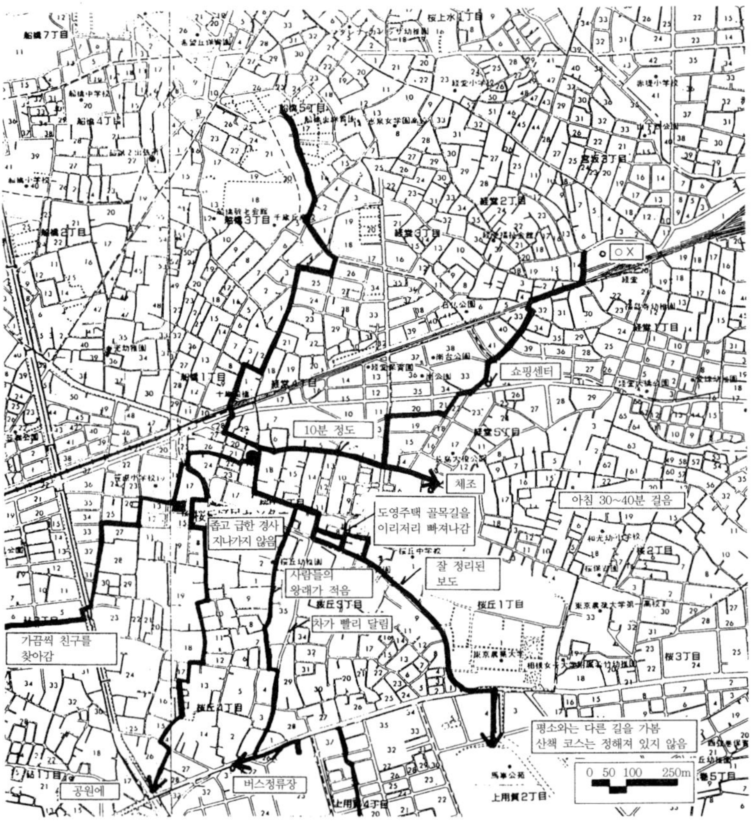

그림 4.9 무한정형(케이스 6)

■ 맺음말

다음 그림 4.10은 지금까지의 조사내용을 종합하여 고령자의 생활권 변화를 모델화한 것이다. 모델에 있어서의 생활영역은 두 개의 영역(교통기관 이용 영역과 도보만으로 이루어지는 영역)의 상대적인 관계를 나타낸다. 또 여기서 말하는 교통기관은 버스, 전철 등의 대중교통기관을 가리키고, 택시 · 자가용(가족운전 포함) · 셔틀버스 등은 포함하지 않는다.

고령자의 생활영역에 있어 특징적인 점이라고 하면 2단계의 '대중교통을 이용한 생활권이 축소되면서 도보에 의한 영역이 확대된다'는 점과 3단계의 '특정한 목적의 생활권은 유지된다'는 점이다. 특정한 목적의 생활권이 축소되는 경우도 있지만, 이동수단이나 교통수단을 바꾸거나 다소 무리를 해서라도 외출하는 경우가 많다. 또한 경로 선택에 있어서 장애가 되는 장소의 우회, 선택되거나 선택되지 않는 지역의 반복 등으로 생활영역은 직선거리가 이루는 동심원 형태가 아닌 매우 복잡한 형태를 취하게 된다.

이상과 같이 고령자의 생활영역을 일상적인 외출행태로부터 파악해 보았다. 대부분 도보가 주된 이동수단으로 약 10분 정도의 범위가 주 생활영역이 된다. 또한 그 행태를 자세히 들여다보면 각자가 목적지, 보행루트 등에 대한 계획을 치밀하게 세워 외출행위를 지속하고 있다. 앞에서도 언급했듯이 생활권은 단순히 신체기능의 저하로 축소되는 것이 아니라 외출의 목적 · 동기 · 빈도 등과 상호작용하여 변해가는 것이다. 단순히 수단을 이용해서 생활권을 넓히는 것보다 각각의 목적에 맞게 생활의 장이 가까이 있는 것이 중요하다.

최근 필자는 외출빈도(예를 들어 주 1회 이상 외출)에 따라서 은둔인가 아닌가를 판단하기 시작했다. 그러나 이러한 외출활동을 충분히 지원해줄 수 있는 환경의 정비 또한 중요한 문제이다. 외출의 목적 · 동기 등을 지원해주고, 외출수단을 제공하고, 지역환경의 정비가 잘 이루어진다면 자연스럽게 외출하게 되고, 사회와의 지속적인 관계유지도 가능하게 되고, 지역에서의 삶도 만족스러워져 개호介護예방으로도 이어지지 않을까.

가노우 토오루(狩野 徹)

제 1 단계 : 거의 장애가 없어서 젊은 사람과 비슷한 생활권역을 갖는 단계 (전반형, 통근형 타입)

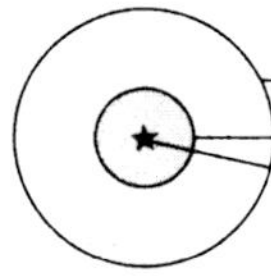

제 2 단계 : 버스·지하철 등 대중교통 이용이 축소되고, 산책에 의해 생활권역이 확대되어 가는 단계

- 확대되는 권역은 주로 산책 (산책형, 장보기형 타입)
- 자립생활이 가능한 75세 이상의 후기고령자
- 보행거리: 1000m 정도는 충분히 보행가능

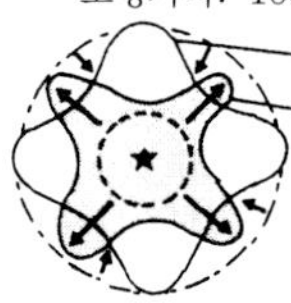

제 3 단계 : 보행기능 저하로 전반적인 생활권이 좁아지지만, 특정목적을 위한 생활권역은 유지되는 단계

- 특정목적 : 통원, 친구방문, 좋아하는 상점 등 (산책형, 통원형, 방문형 타입)
- 전형적인 후기고령자 (독립보행 가능)
- 보행거리: 500m 정도 가능

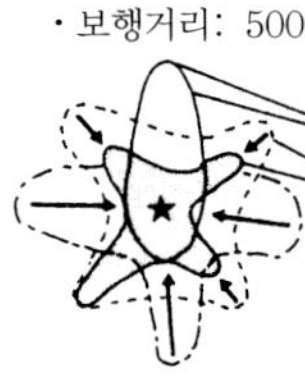

제 4 단계 : 보행만으로 이루어지는 생활권역. 주거 주변에 한정됨. 장거리 외출에는 시중 들 사람이 필요하고, 주로 택시·자가용을 이용 (통원형, 방문형 타입)

- 85세 이상의 초 후기고령자에 해당
- 독립보행이 힘들고, 지팡이를 이용

제 5 단계 : 주거에 한정된 생활권역
혼자 힘으로 외출은 거의 불가능
중증장애가 있는 노인

그림 4.10 고령자의 생활권 모델

2 계획단지와 기성시가지의 고령자 행동환경 비교

– 고령자의 생활로부터 지역환경을 파악한다

인간은 지역 안에서 사람을 만나거나 외식을 하거나 쇼핑을 하는 등 다양한 일상생활의 영위를 통해서 그 환경을 개별적으로 인지하고 구조화시켜 나간다. 이러한 과정에서 자기다운 환경, 자신에게 있어 의미 있는 환경이 형성되는데, 이것을 개인의 행동환경이라고 한다. 지역환경은 이러한 개개인의 행동환경이 전개되는 무대임과 동시에 장기간 축적되어 온(현재도 형성되고 있는) 총체적인 모습이기도 하다. 그곳에서는 사람과 환경이 서로 상호작용하며 안정된 관계를 만들어 내고 있다.

특히 고령자와 같은 경우에는 이러한 지역 내의 안정된 관계형성이 매우 중요하다. 고령자는 신체기능의 약화나 직장에서의 은퇴 등에 의해 행동권이 축소되기 때문에 상대적으로 지역생활에 의존하는 정도가 높아지게 된다. 또 그만큼 지역환경의 질에 크게 영향을 받는다. 이러한 고령자에 대한 지역환경의 문제는 안전성, 쾌적성과 같은 환경정비계획에서부터 '서포트 네트워크' 개념과 같은 범사회적 지원체계의 마련에까지 이어져 왔다. 하지만 고령자를 사회적 약자가 아닌 평범한 일반인으로서 받아들이고, 이것을 전제로 지역환경의 질을 파악하는 관점은 의외로 찾아보기 힘들다.

이하의 케이스 스터디는 기성 시가지와 계획된 단지의 비교를 통하여 각 지역에서 전개되는 행동환경의 질적 차이를 규명하고, 그 차이가 두드러지게 나타나는 환경요소를 파악하고자 하는 것이다. 여기에서 대상이 되는 두 지역은 '시타마치 下町(상인이나 장인들이 많이 사는 지역)'라고 불리는 고밀도 기성 시가지(위험요소들의 재정비가 요구되지만, 잃어가는 향수를 느끼게 해주는 지역)와 '단치 団地'라고 불리는 계획된 집합주택단지(획일적이고, 인간미가 결여되어 있다는 비판을 받고 있는 지역)이다.

조사에 대해서

A단지는 1960년대에 건설된 대규모 계획단지(당시로서는 선진적인)로 바둑판 모양의 부지에 중층의 주동들이 평행하게 배치되어 있다. 반면 N지역은 전쟁과 지진의 피해가 경미하게 남아있고, 이전 생활양식의 여운을 그대로 간직하고 있는 주거와 상공업의 혼재 도시이다. 이렇게 두 지역의 성격은 전혀 다르지만 면적과 인구규모에는 큰 차이가 없고, 인구밀도도 거의 비슷하다[11].

조사는 두 지역의 65세 이상 고령자 약 20명을 대상으로 인터뷰 조사를 실시하였다. 인터뷰 내용은 매일 이용하는 장소와 시설, 그곳을 이용하는 이유, 그곳에서 이루어지는 사회적인 교류, 목적지까지의 선택루트 등이었고, 지도를 이용하여 자택을 중심으로 한 지역에서의 전반적 생활행동을 조사하였다[12].

루트와 포인트의 선택성

우선 각각의 지역에서 일상적으로 이용되고 있는 '루트(길)'와 '포인트(장소)'에 대하여 살펴보자. 자주 이용되는 '장소'와 '길'이 일상의 반복을 통해서 점차적으로 구축된 것이라고 하면 이것은 두 지역의 행동환경의 질적 차이를 규명할 수 있는 중요한 힌트가 될 것이다.

1) '루트(길)'의 선택

그림 4.11~4.14는 두 지역에서의 쇼핑과 산책루트를 종합한 것이다. A단지의 경우 쇼핑루트는 일부분에 극단적으로 집중되어 있다[13] (그림 4.11). 또

---

11) A단지 : 면적 약 2.8ha, 인구 약 8,800명(조사 당시), N지역 : 면적 약 2.1ha, 인구 약 6,200명, 인구밀도는 두 지역 모두 1ha당 300명 정도이다.

12) 이 조사는 동경대학 건축학과 타카하시 타카시 高橋鷹志 연구실의 환경행동연구의 일환으로 1992년에 실시되었다. 조사대상 고령자는 A단지 23명, N지역 26명이었고, 자택을 방문하여 인터뷰 조사를 실시하였다.

13) A단지가 완성된 직후 쇼핑루트에 관한 조사결과를 살펴보면 단지 내 상업시설에 손님이 집중해 있음을 알 수 있다. 하지만 현재는 단지 외부에 있는 역 앞의 대형마트에 집중되어 있다. 보다 다양한 물건들이 마련되어 있고, 보다 편리하며, 보다 싼 가게에 손님들의 발걸음이 끊이지 않는 것은 예전이나 지금이나 변하지 않았다.

산책을 하는 사람은 그다지 많지 않았는데, 일부를 제외하고는 다른 지역까지 그 영역을 확장시키는 경우는 거의 없었다(그림 4.12). 이에 비해 N지역의 경우에는 쇼핑루트가 큰길가 뒤편의 좁은 골목길에 그물망처럼 퍼져있다(그림 4.13). 또한 산책하는 사람 수도 많았고, 쇼핑에 비해 지역을 확장시키거나 루트의 변화가 풍부하였다(그림 4.14). 즉, N지역이 이용자의 변화뿐만 아니라 상황(쇼핑이나 산책 등)의 변화도 풍부하다는 것을 알 수 있다.

인터뷰 조사에서 나타난 루트 선택에 있어서의 코멘트에도 주목해 보자. A단지에서는 '경사지가 힘들다', '역까지 가깝다' 혹은 '녹지가 많다'와 같이 루트의 물리적 성질이나 조건에 대한 평가가 많았다. 즉, A단지 거주자들에게 있어 루트는 목적지까지 가기 위한 하나의 수단이며, 가능한 한 편한 루트를 이용하기 위한 사전평가로 받아들여지고 있었다. 이에 비해 N지역에서는 '다양하게 루트를 조합한다', '그날그날에 따라서 루트가 바뀐다' 등과 같이 상황 대응적 관계를 나타내는 코멘트가 많았다. 또 경우에 따라서는 '그 루트에 있는 나무와 꽃을 보는 일이 즐겁다'와 같이 작은 발견 · 관계형성 등

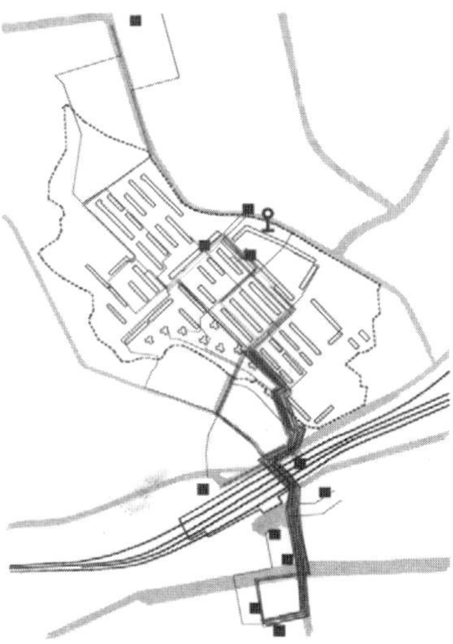

그림 4.11 A단지의 쇼핑루트(■는 이용하는 가게)

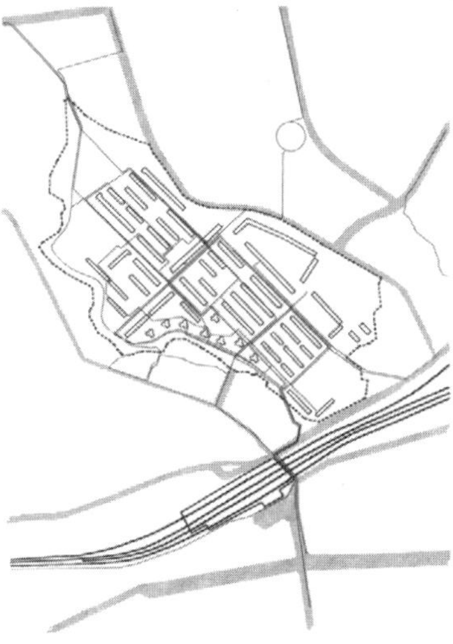

그림 4.12 A단지의 산책루트

그림 4.13 N지역의 쇼핑루트(■는 이용하는 가게)

그림 4.14 N지역의 산책루트

이 일어나는 경우도 있었다. 이처럼 N지역에 있어서의 루트는 단순한 경로 이상의 의미를 갖고 있었으며, 무언가와 상호작용이 일어나기 쉬운 장場의 개념으로서 파악되고 있었다.

2) '포인트(장소)'의 선택

다음은 일상적인 쇼핑에 이용되는 장소들을 포인트의 예로 선정하여 그 장소들의 분포와 실제 지역 거주 고령자들이 어떻게 그 장소들을 선별적으로 이용하고 있는지 알아보도록 하자. 그림 4.15는 고령자에 의한 쇼핑장소의 선택적 이용행태를 나타낸 것이다. 먼저 각 개인이 이용하고 있는 쇼핑장소를 선분으로 연결하고(어떤 사람이 이용하는 쇼핑장소가 3개소라면 선분은 3개, 4개소라면 대각선을 포함한 6개의 선분으로 묶여진다), 이를 종합하였다. 선분 양끝의 장소를 이용하는 사람이 많을수록 선분은 두꺼워지며, 개개인이 이용하는 장소가 다양할수록 선분의 수는 많아지게 된다.

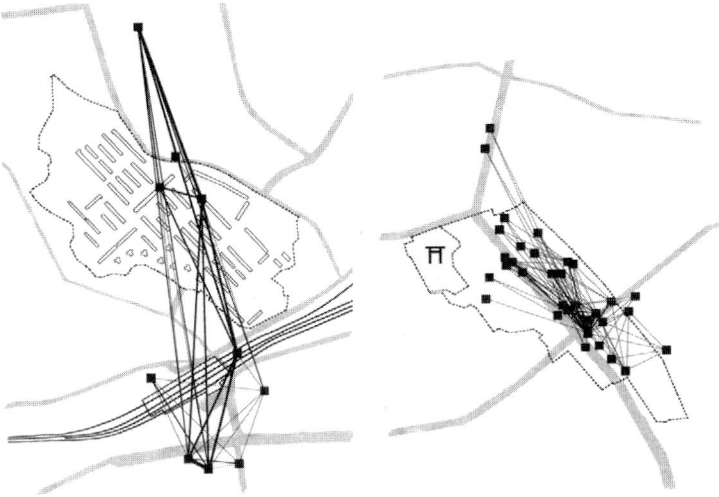

그림 4.15 A단지(좌)와 N지역(우)의 선별적 이용행태

A단지는 두꺼운 선이 눈에 띄고 전체적인 선분 수가 적지만, N지역의 경우에는 얇은 선들이 매우 복잡하게 연결되어 있다.

A단지는 자주 이용되는 쇼핑장소의 수는 적지만, 이들을 묶고 있는 선분은 상대적으로 두껍게 나타나고 있다. 이것은 몇몇 장소가 집중적으로 이용되고 있고, 개개인의 장소 선택의 변화가 적다는 것을 의미한다. 이에 비해 N지역은 쇼핑장소의 수가 매우 다양하고, 일부를 제외하고는 겹치지 않는다. 즉, 각자가 자신의 상황에 맞게 다양한 쇼핑장소를 이용하고 있는 것이다.

이 차이가 쇼핑장소의 수적인 차이만을 나타내고 있는 것일까. 각각의 지역에 있어서 그 장소의 선택이유를 살펴보면 선별적 이용행위 자체에 질적인 차이가 있음을 알 수 있다. A단지에서는 '가깝다', '경사지를 올라가지 않아도 된다'와 같은 상점의 입지조건이나 '싸다', '물건이 좋다' 등의 상품에 대한 평가가 중시되고 있다. 즉, 쇼핑의 본래 목적에 부합되는 장소를 사전에 평가한 뒤 선택하는 것이다. 이에 비해 N지역에서는 '상점주인과 낯이 익다', '대응에 융통성이 있다' 등과 같이 커뮤니케이션이나 자신과 상점과의 관계형성 가능성이 중시되고 있다. 즉 쇼핑이라는 기본적인 목적뿐만 아니라 자신과 관계되어 있는 장, 나아가 관계형성이 가능한 장으로서 장소의 선택이 이루어지고 있는 것이다.

이와 같이 두 지역에 있어서 포인트의 선택은 루트 선택의 경우와 비슷한 경향을 보이고 있는데, A단지에서는 각각의 포인트를 사전에 평가한 뒤 장소의 선택이 이루어지고 있고, N지역과 같은 경우는 자기 나름대로의 관계 형성을 중심으로 하여 장소의 선택이 이루어지고 있었다.

3) 선택성으로 본 지역환경의 차이

A단지는 계획에 의해 설정된 환경으로, 거주자는 주어진 환경 속에서 좋고 나쁨의 평가를 통하여 루트와 포인트를 선택한다. 이러한 관계형성은 단지 개별적인 목적만이 중시된 점적 환경이라고 말할 수 있다.

이에 반해 N지역은 자연발생적 환경에 가깝다. 거주자들은 포인트와 루트의 다양성 · 복합성을 기반으로 자기 나름대로의 관계를 형성해가고 있으며, 이러한 관계형성은 목적 그 자체도 복합화시키는 면적 · 중층적 환경이다.

지역환경의 질적인 차이를 보다 구체적으로 살펴보기 위해서 다음에서는 다양한 포인트들의 사회적 관계를 고찰하고자 한다.

장場의 허용성

1) 사회적 관계와 장의 허용성

거주자들은 지역에 존재하는 다양한 포인트들을 이용하면서 누군가와 혹은 무언가와 커뮤니케이션을 행한다. 커뮤니케이션에는 자녀나 친구 집 방문과 같은 개인적인 커뮤니케이션과 공공시설에서의 모임, 상점 주인과의 일시적 접촉과 같은 사회적 커뮤니케이션이 있다. 거주자가 어느 포인트를 선택한다는 것은 그곳에서 일어나기 쉬운 사회적인 관계를 선택하고 있다고 말할 수 있다.

여기에서는 어떤 포인트에 사람들이 모여 다양한 사회적 관계가 형성되고 있는 상황을 '장 場'으로 정의한다. 장에는 그 장소, 그곳에 모이는 사람, 사회적 관계 그리고 그곳에서 일어나는 모든 행위들이 포함된다.

각각의 장에서 그에 상응하는 사회적 관계를 유추하는 일은 어렵지 않지만, 그 관계를 일의적으로 정의내릴 수는 없다. 어느 장에서는 정형화된 관계방식이 존재하기도 하지만, 때로는 상황에 맞게 관계방식을 선택할 수 있는 경우도 있기 때문이다.

장의 구성요소들은 이러한 관계방식의 가능성과 자유도의 폭을 규정하고 있고, 거주자들은 그 안에서 상황에 맞는 관계방식을 선택한다. 이와 같이 거주자에게 선택의 폭을 주는 장의 성질을 '허용성'이라고 한다. 이것은 다양한 요소들이 복잡하게 얽혀져 나타나는 장의 총체적 성질이다.

2) 허용성을 규정하는 장場의 요소

장의 허용성을 보다 구체적으로 파악하기 위해서 관계방식의 가능성과 자유도의 폭을 규정하고 있는 요소들에 대하여 살펴보자. 이 요소들은 서로 규정하면서, 규정되는 관계에 있다.

① 시간의 규정

시간의 규정은 어떤 장에 참가할 때 정해진 시간에만 가능한 것인지, 아니면 자신이 편한 시간을 선택할 수 있는지와 같은 자유도의 개념이다. 공공시설에서 이루어지는 모임이나 커뮤니티 활동 등은 처음부터 시간이 정해져 있고, 그 시간에 하지 않으면 의미가 없다. 친구들과의 모임과 같은 경우도 시간의 결정에 자신도 관여하고 있기 때문에 그만큼 규정성이 강해진다. 이에 반해 지역 내 상점이나 목욕탕과 같은 경우는 특정한 시간을 정하지 않아도 누군가와 커뮤니케이션이 가능하다는 점에서 시간의 자유도가 높다.

이러한 관점에서 본다면 시간적인 규정성의 강약으로 장을 분류할 수 있다. 예를 들면 [1] 언제든 자신이 원하는 시간에 다른 사람과 관계를 맺을 수 있는 장, [2] 기본적으로는 언제든 갈 수 있는 장이지만, 자신이 정한 특정한 시간에 방문함으로써 특정한 사람과 관계를 맺을 수 있는 장, [3] 매주 · 매월 정해진 날짜에 방문하는 것과 같이 정기적인 시간 설정이 이루어지는 장, [4] 시간의 결정에 자신도 관여하는 것을 전제로 특정한 날에만 이루어지는 장 등이다.

② 행동의 규정

장에 있어서 사람의 체제방식 · 태도 · 행동은 완전히 자유로운 것이 아니라, 장의 성격에 따라서 제약이 따르기도 한다. 때로는 정해진 행동을 강요당하는 경우도 있다. 이러한 행태의 규정은 참가자나 관리자에 의해서 일방적으로 행해지는 경우도 있고, 그 장의 상황에 따라 스스로 조절하는 경우도 있다. 그 예로 대중목욕탕과 공공시설에서의 행태적 차이를 살펴보자(여기에서 공공시설은 고령자가 무료로 이용할 수 있는 시설로 목욕 · 오락 · 재활운동 등이 이루어지는 장소이다). 두 곳 모두 목욕의 기능을 가지고 있지만, 그곳의 이용행태에는 상당한 차이가 있다. 대중목욕탕은 실제로 많은 고령자들이 이용하고 있고, 모든 개인행위가 허용되는 것은 아니지만 어느 정도 각자가 장의 상황에 맞게 조절할 수 있다. 그 결과 이용자에 따라 다양한 깊이의 관계형성이 이루어지고 있다. 반면, 공공시설의 목욕공간은 이용자도 지극히 한정되어 있고, 특정 이용자들에 의해 정해진 행동이 강요되는 경우가 많다. 이러한 규정된 행동을 받아들이는 경우에는 그 그룹의 일원이 되기도 하지만, 그렇지 않는 경우에는 두 번 다시 그 장場의 일원으로 받아들여지지 않는 것이 실상이었다. 즉, 중간적인 입장은 존재하지 않는 것이다[14].

③ 참가자의 규정

장의 참가자는 사회적 관계를 규정하는 가장 큰 요인 중 하나이다. 그 장의 참가자가 친한 사람들인지, 모르는 사람들인지, 고정된 그룹인지, 불특정 다수의 참가자들인지 등에 따라서 그 장에서 이룰 수 있는 사회적 관계는 어느 정도 정해진다. 특히 목적이 강한 장에서는 참가자가 고정화되고, 동질성이 높아지기 때문에 사회적 관계뿐만 아니라 시간 · 행동 · 형식 등의 규정도 강해진다. 반대로 이러한 규정들이 약한

14) 여기에서는 '공공시설'이 외면적으로만 누구에게나 열려있는 것일 뿐, 반드시 그 공공성을 보장해 주고 있는 것은 아니라고 생각된다.

장의 경우에는 참가자들이 유동적이고, 다양한 사람들이 혼재하는 경향을 보인다.

④ 참가형식의 규정

단순히 사람들이 모임으로써 성립되는 장이 있다면 어떠한 목적을 갖고, 공식적인 절차를 거쳐 성립되는 장도 있다. 이러한 참가형식의 구분은 장의 다양한 측면을 규정하는 하나의 요인이 되고 있다. 특히 참가를 위한 형식적인 절차는 참가 자체를 강하게 규정하는 경우가 많다. 일반적으로 형식적인 장일수록 개인의 자유도는 억제되고, 시간 · 사회적 관계 · 행동 등도 강하게 규정된다.

⑤ 참가 자체의 규정

장의 참가에 대한 자유도에도 레벨이 존재한다. 규정되는 것이 많은 장의 경우 참가 시 신중한 의사결정과 강한 의사표시가 필요하다. 또한 일단 참가를 결정한 뒤에는 취소절차도 복잡해지고, 다른 참가자들에게 싫은 소리를 들어야 하는 등 강제력이 작용하는 경우가 있다. 물론 이 강제력에 의해 그 장에 지속적으로 참가하게 되는 면도 있지만, 반면에 장에 대해 그다지 강한 관심을 유지하지 못하는 경우에는 매우 곤란한 상황에 놓이게 된다.

3) 사회적 관계의 허용성으로 본 장場의 유형

어느 장에서 어떤 사람들과 어떠한 관계를 맺을 수 있을까. 사회적 관계의 허용성으로 본 장의 유형을 살펴보자(표 4.8).

커뮤니케이션이 발생하는 장이라고 하면 먼저 사교모임과 같이 교류 자체를 목적으로 하는 장을 들 수 있다. 이곳에 참가하기 위해서는 매우 밀도 높은 사회적 관계가 요구되는데, 이러한 친한 사람들로 구성된 장을 'We의 장'이라고 한다. 이 장에 참가하는 사람들은 자신들을 '우리들'로 명명함으로써 어떤 귀속의식을 갖게 된다.

표 4.8 사회적 관계성의 허용성으로 본 장의 유형

타입	We의 장	They의 장	We와 They의 복합	You의 장
모식도	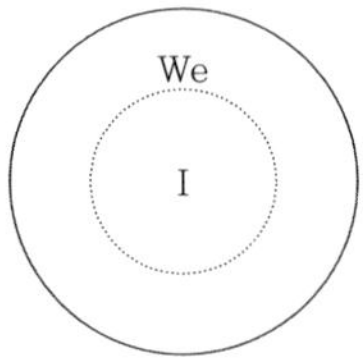	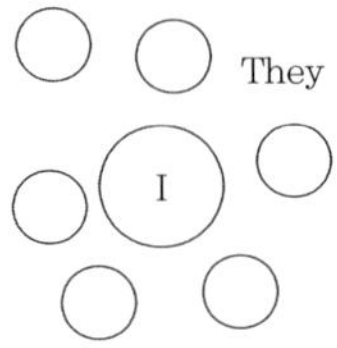	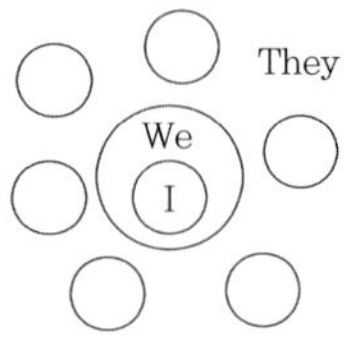	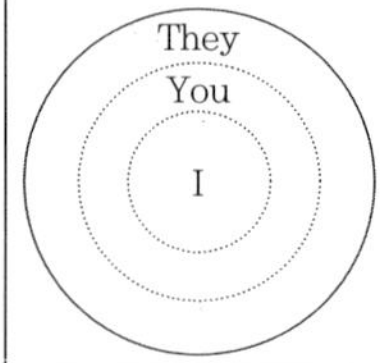
참가 형태	나와 개인적으로 친한 사람들의 모임.	나와 전혀 모르는 타인과의 관계.	타인들 가운데 개인적으로 친한 사람끼리 모임.	나와 타인을 연결하는 매개자가 있음.
관계의 규정성	장의 안에서는 상당히 밀도 높은 관계가 요구된다. 관계가 밖으로 확장되는 경우는 없다.	장 안에서의 커뮤니케이션이 요구되지 않는다. 각 개인은 따로 떨어진 존재.	We의 관계는 내부만의 것으로 완결되어 있고, They로 넓어지는 경우는 없다.	You를 매개로 하는 경우로, They와 간접적인 관계를 가지며, 장에서의 관계가 선택 가능하다.

이에 비해 공공시설에서의 강좌나 백화점과 같은 경우에는 사람들이 모여서 장을 형성하고 있기는 하지만, 커뮤니케이션은 거의 발생하지 않는다. 이러한 장을 타인관계 · 3인칭의 의미로 'They의 장場'이라고 한다. 언뜻 보면 We의 장과 They의 장이 서로 대조적인 성격을 띠고 있는 것처럼 보이지만, 관계의 레벨을 선택할 수 없다는 점에서는 같다고 말할 수 있다.

또한 친한 사람들과 백화점에 가는 경우처럼 They의 안에 We의 그룹이 형성되는 유형이 있다. 이러한 They와 We의 복합화는 일상생활에서 매우 흔하게 접할 수 있는 상황으로, 이 유형에서 '우리들' 이외의 사람들은 전부 타인으로 간주된다. 이 They와 We는 동전의 양면과 같아서 어떤 사람이 We의 장에 참가했지만 동화되지 못하는 경우, 그 사람에게 있어서 그 장은 They의 장으로 변해버린다.

다음으로 'You의 장'에 대해서 생각해보자. 이 유형은 전원이 아는 사이는 아니지만 상황에 따라 관계를 선택할 수 있는 장이고, 접근성도 용이하며, 때로는 접근하기 쉬운 사람이 존재하는 경우도 있다. 이 장은 사람과 환경이

2인칭(You)의 관계로 시작하기 때문에 지역정보를 교환하거나 아는 사람을 늘려감으로써 커뮤니케이션 영역을 확장시킬 수 있다. 즉, You의 장 자체가 사람과 지역을 연결하는 매개체가 되는 것이다[15].

4) 장場의 접근성

접근성이라는 말은 보통 물리적으로 접근하기 쉬운 상태를 의미한다. 그러나 실제로 어떤 장에 참가하고자 할 때 물리적인 접근성도 중요하지만, 심리적인 부담도 무시할 수 없다. 즉, 장의 접근성은 심리적 측면에서도 장의 허용성에 크게 영향을 받는다. 일반적으로 규정이 약하고, 허용성의 폭이 넓을수록 심리적인 접근성은 높아진다(표 4.9).

표 4.9 장의 허용성과 접근성

허용성 (규정)	시간	행동	참가자	참가형식	참가자체	사회적 관계	접근성 (심리적 부담)
대 (약)	마음이 내키면	상황을 봐서 선택	유동적 다양	그 장에서 참가	자유롭게 참가	You	고 (저)
	언제나	↕	↕	↕	↕	They	↕
	결정된 후						
소 (강)	예정을 정해서	일방적 으로 규정	고정적 동질	일전에 수속	참가 강요	We	저 (고)

그렇다면 지역에서의 접근성이란 어떠한 의미를 가지는 것일까. 지역의 접근성이 높다는 것은 다양한 레벨의 커뮤니케이션이 가능하고, 그에 이르기까

15) 이 You · We · They의 장場의 개념은 사에키 유타카 佐伯胖(1995)의 '学びのドーナツ論'의 영향을 받은 것이다. 배움의 도너츠学びのドーナツ란 '배우는 쪽(I)이 외부세계(They)로 인식을 넓혀갈 때 필연적으로 2인칭 세계(You)와의 관계를 경유한다'라는 것이다. 즉 배운다는 것은 You를 매개로 하여 They의 세계와 만남으로써 자신의 세계를 확장해 가는 것을 의미한다. You의 장은 어떤 특정한 목적을 달성하는 장이라기보다 오히려 지역에 있어서 자신의 세계를 넓혀가는 계기와 실마리를 제공해 주는 장이다.

지의 심리적 부담이 최소화된 상태를 의미한다. 이것은 의도하지 않은 만남이나 타인과의 가벼운 접촉 등 그 장의 상황에 맞는 다양한 관계형성을 지원한다.

여기서 다시 지역환경의 비교로 돌아가 보자. 그림 4.16은 허용성과 규정 정도가 다른 다양한 장들이 각 지역에 어떻게 분포되어 있는지를 나타낸 것이다.

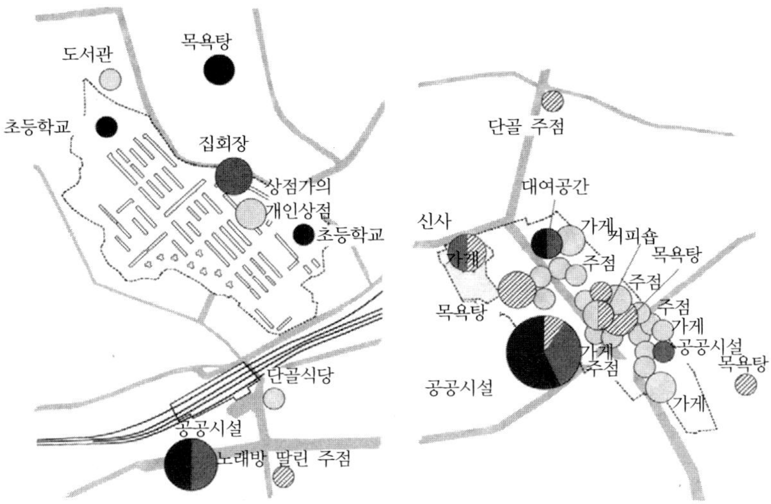

그림 4.16 A단지(좌) · N지역(우)에 존재하는 장과 허용성(범례 : 표 4.9)

원의 크기는 그 장을 이용하고 있는 조사대상자의 수와 비례한다. A단지에 비해 N지역이 지역 전체의 장의 수뿐만 아니라 허용성의 폭도 넓다.

A단지의 경우에는 이용되는 장의 수도 적을 뿐만 아니라 그 규정 정도도 강하다. 이에 비해 N지역은 장의 수도 많고, 종류도 다양하며, 허용성의 폭도 넓다. 즉 접근하기 쉽고, 다양한 관계를 맺을 수 있는 기회가 풍부하다. 이와 같이 선택성과 허용성이 높은 N지역은 지역 전체의 접근성이 높다고 말할 수 있을 것이다.

■ 지역환경과 인간행태 모델

1) 의도수행형 모델과 환경탐색형 모델

지금까지는 서로 다른 성격을 가지고 있는 두 지역에서의 행동환경적 차이를 살펴보았다. 여기에서는 지역환경과 인간이 관계를 맺는 방법을 모델화하여 그 자체의 질적인 차이를 살펴보도록 하겠다(표 4.10).

표 4.10 의도수행형 모델과 환경탐색형 모델[16)]

	의도수행형 모델	환경탐색형 모델
모델 그림	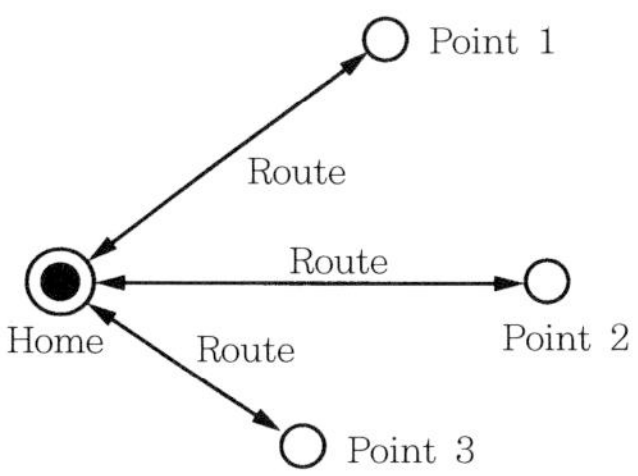	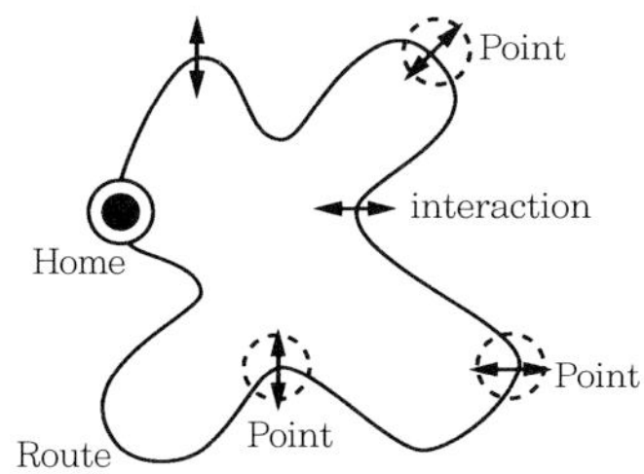
행동환경	사람은 의도에 따라서 장소를 선택하고, 각각의 장소에서 목적을 달성한다.	먼저 사람의 활동=생활이고, 그 움직임 속에서 장소와 길이 의미를 굳혀간다.
장소의 의미	특정 목적을 만족하기 위한 장 場. 목적 이외의 행동과 사회적 관계는 발생하기 어렵다.	그 장의 상황에 따라서 다양한 관계를 얻기 쉬운 장. 본래의 목적 이외의 행위와 사회적 관계도 발생한다.
길의 의미	자택과 장소, 혹은 장소끼리 연결시키는 통과로. 지역과의 상호작용은 발생하기 어렵다.	단순한 통과로가 아니며, 지역과의 상호작용을 통하여 다양한 의미를 부여한다.

먼저 '의도수행형 모델'에 대해 생각해보자. 인간은 어떤 명확한 의도와 목적을 가지고 장 場을 선택하게 되며, 그곳에서 목적을 달성하고 돌아오는

16) 이 두 모델은 Reed(1996)가 '탐색', '수행'이라는 두 행위를 구별해야만 한다고 서술하고 있는 것과 같은 맥락이다. 수행적 행위는 구체적인 목적이행을 전제로 하는 행위인 것에 반해, 탐색적 행위는 환경의 변화 등을 스스로 컨트롤할 때 이에 도움이 되는 환경정보의 획득을 전제로 한다.

존재이다. 이러한 인간의 '의도'로부터 인간과 환경의 관계가 시작된다고 믿는 관점이 의도수행형 모델이다. 이 모델에 있어서 포인트는 어디까지나 사전에 설정된 목적의 장이고, 그 이외의 상호작용은 거의 일어나지 않는다. 또한 각각의 포인트를 연결하는 루트는 단순한 통과로의 역할에 지나지 않는다. 계획적으로 조성된 A단지의 행동환경이 이 의도수행형 모델에 매우 가깝다.

여기서 잠시 우리의 일상생활을 떠올려 보자. 외식을 하는 경우 '오늘은 ○○를 먹으러 가야지'와 같이 특정한 목적을 가지고 외출하는 경우를 제외하면, 일반적으로 여러 가게들의 메뉴를 비교해가면서 그때의 기분과 상황에 맞는 장소를 선택한다. 이와 같이 행동이 이루어지고 있는 가운데 인간과 환경의 관계가 발현되는 경우가 있다. 이것을 '환경탐색형 모델'이라고 한다. 인간에게 있어 의도와 목적이 없을 리 없겠지만, 그다지 명확하지 않아도 좋은 생활이 있다. 이 모델에 의하면 어떤 포인트는 본래의 목적 이외에도 여러 가지 관계를 가지게 되며, 루트 상에 있어서도 다양한 상호작용이 일어나기 쉽다. N지역에 나타나는 복잡다단한 관계성은 이 환경탐색형 모델로서 파악하면 이해하기 쉽다.

2) 지역환경과 인간행태 그리고 지역계획

종래의 지역계획이나 시설계획은 의도수행형 모델을 기반으로 이루어져 왔다. 사람의 의도를 상정해서 기능별로 분류하고(예를 들면 외식 · 쇼핑 · 여가 · 휴식 · 교류 등), 그 안에서 사람들의 요구조건을 충족시키는 계획방식이다. 다시 말하면 사람의 의도와 장의 기능이 일대일 대응관계에 놓이게 되는 것이다. 그 결과 지역 전체의 접근성이 낮아져서 다양한 상황에 대응하는 환경적 지원도 약화되었고, 목적 없는 행태에서 기인하는 다양한 관계형성도 어려워졌다. 계획에 의해 사람의 행동환경이 규정되고 있는 것이다.

의도수행형 모델에 입각한 지역계획은 사람과 환경과의 관계가 고정적이고, 변화에 대한 대응이 어렵다. 특히 신체적 · 사회적 상태변화가 심하고, 개인차가 큰 고령자의 입장에서 본다면 그 요구사항들에 대한 적절한 대응에는 한계가 있다. 고령화가 점차적으로 가속화되어 감에 따라서 이 문제도 역시 현실화되어 갈 것이다.

일상적인 환경행동의 반복을 통해 점차적으로 성장하는 도시에서는 사람들의 생활이 목적별로 구분되는 것이 아니라, 총제적인 환경으로 받아들여진다. 그리고 그 위에서 사람과 환경의 폭넓은 상호작용이 이루어지는 것이다. 즉 지역 전체가 인간-환경 시스템으로서 기능을 한다. 의도수행형 모델 대신 환경탐색형 모델을 기반으로 한 지역계획을 고려하고 있다면 기존에 존재해왔던 보통의 마을(지역)에서 그 힌트를 찾을 수 있을 것이다.

타치바나 히로시(橘 弘志)

3 도시 상업공간에서의 인간행태

– 거리는 연기자와 관객으로 넘쳐나고 있다

화폐경제 이후에는 필요한 물건들을 자신들이 직접 생산하지 않아도 물건을 사고 파는 '상업행위'를 통해 생활의 유지와 이익의 창출이 가능하게 되었다. 이러한 관점에서 보면 정기적으로 열리는 시장市場이라는 장場의 설정은 물물교환의 혁명이었다. 그리고 상업행위가 이뤄지는 상업공간에서는 독특한 '공간행동'이 발생하게 된다.

사람들은 왜 번화한 거리로 나설 때 옷을 잘 차려입고 나가는 것일까. 일본의 하라주쿠 지역에서는 다양한 인종의 사람들이 저마다 독특한 패션을 하고 개개인의 생활행동을 영위하고 있는 모습을 자주 볼 수 있다. 이것은 공간적 특성과 연계된 그 지역의 '행위양식'이 이미 사람들의 뇌리 속에 광범위하게 형성되어 있음을 의미하는 것이 아닐까.

사람들은 상업공간에서 진열된 상품을 구경하거나 주인과 흥정을 하기도 하며, 때로는 타인의 비슷한 행위들을 관찰하기도 한다. 또 물건을 파는 입장에서는 손님의 눈을 사로잡고, 가게 안으로 손님을 끌어들이기 위해 최선의 노력을 다한다. 이러한 상호간의 '공격적 에너지'가 존재하는 곳이 도시 상업공간이다. 조그만 소도시에서는 자주 볼 수 없는 이러한 특별한 행위들이 바로 도시의 매력이자 재산이다. 이곳에서는 물건의 매매 이외에도 몇 가지 숨은 목적이 존재한다.

거리에서의 행태 관찰

도시에는 다양한 상업공간들이 존재하고, 그곳을 방문하는 계층도 다양하며, 그 개별행동도 천차만별이다. 또 그 행동들에는 인간의 특성을 파악할 수 있는 힌트가 가득 차 있다.

1) 멈춰 서 있는 사람들

① 멈춰 서는 장소와 상황

사람들이 멈춰 서는 장소의 특성은 그 장소와 통과하는 사람들의 궤적을 파악해보면 쉽게 이해할 수 있다(그림 4.17).

그림 4.17 멈춰 서서 대화를 나눌 수 있는 장소

멈춰 서는 장소로는 벽이나 기둥 주변, 건물과 건물 사이, 폐점된 가게 앞, 보도에서는 차도에 면한 쪽 등이 자주 이용되고, 사람들은 무의식적으로 주변 보행자들에게 방해가 되지 않는 장소를 선택하는 경향이 있다. 하지만 통행자보다 멈춰 서 있는 사람이 많은 경우에는 다수결의 원칙으로 '수가 적은 쪽이 길을 양보해야 한다'는 의식이 작용하기도 한다. 또 서둘러 이야기를 마무리 짓고자 하는 경우나 자전거 · 유모차를 동반하고 있는 경우에도 이러한 경향이 종종 무시된다. 사람들이 알아서 자전거나 유모차를 피해가기 때문에 자신은 방해가 되지 않는다는 의식 때문이다.

뉴욕에서는 사람들이 붐비는 곳에서 일부러 대화를 나눈다는 조사결과가 있는데, 이것은 자신의 대화행위 자체를 주변에 표출하려는 의식으로 해석할 수 있다. 그리고 지도를 보는 사람들 역시 통행로에 멈춰서는 경우가 많은데, 이것은 대상물을 시야에 넣기 위한 적절한 장소 선택의 과정이기도 하고, 길을 찾고 있다는 상황을 주변에 알리는 의식표시로도 해석할 수 있다.

② 체재滯在 자세

사람들은 어느 장소에 머물러 있을 때 다양한 방식으로 주변 환경을 이용한다. 비교적 장시간 머무르는 경우에는 사물을 잡거나 기대거나 걸터앉음으로써 체중의 부담을 줄이고, 휴식을 겸하게 된다(그림 4.18).

그림 4.18 구조물에 체중을 싣거나 잡고 있는 경우

그림 4.19 앉아 있는 휴식자세

그림 4.20 보도블록을 이용한 스트레칭

이러한 머무름과 휴식 안에는 관찰자적 측면과 관찰되는 측면이 동시에 공존한다. 예를 들면, 노상에 웅크리고 앉아서 사람들을 관찰하고 있는 것과 동시에 '사람들의 눈에 띄고 있는' 상황과 같은 경우이다. 이것은 '노상 퍼포먼스'에 해당한다고 말할 수 있을 것이다. 이러한 퍼포먼스성이 있는 노상행위들은 도로에 늘어선 상점가보다도 시부야渋谷나 오모테산도表参道와 같이 타인(관객)이 많은 공간에서 자주 발생한다.

③ 사람을 기다린다 - 방해가 되지 않으면서 눈에 띄고 싶은

기다리는 장소는 상대가 자신을 발견하기 쉬운 장소이면서도 통행에 방해가 되지 않는 장소라야 한다. 사람들이 잘 보이는 계단 위에 올라서서 기다리는 사람을 적극적으로 찾고 있는 사람, 상대방이 알아서 자신을 찾을 것이라 믿고 그냥 거리를 구경하고 있는 사람, 이미 약속장소를 확실하게 정해놓은 듯 아이들과 놀고 있는 부모. 이러한 다양한 상황들을 관찰하고 있으면 그 사람들의 관계까지도 상상할 수 있다.

그림 4.21은 상업적인 목적을 가지고 호객행위를 하는 장면인데, 우리는 이 상황이 일상적인 만남이 아니라는 것을 한눈에 식별할 수 있다. 우리는 이러한 상황을 바라보고, 즐기는 구경꾼이기도 한 것이다.

그림 4.21 손님을 물색하고 있는 3명의 그룹

상대를 기다리는 행위는 어느 나라에서나 소박한 행위이기 때문에 거의 변하지 않는 형태로 관찰된다. 하지만 최근에는 핸드폰의 급속한 보급으로 인해 예전부터 이어져오던 전형적인 만남의 장면이 크게 변화했다.

2) 노상에서의 영역 철학 – 불필요한 공간을 이용하는 것이 왜 나쁜가

노상은 공적인 공간이지만, 상점가에서는 상점의 손수레, 상품, 간판 등 노상의 경계를 침범하는 사례가 끊이질 않는다. 이것들은 사람들의 인지성을 높이기 위한 수단으로 사용되고 있지만, 오히려 적극적인 보행을 방해한다. 그리고 자전거나 노점상은 상점과 상점 사이, 쇼윈도가 없는 벽, 폐점 후의 셔터 앞 등에 일시적으로 놓이게 되는데, 사용되지 않는 공간은 소유자에게도 필요 없는 공간일 것이라고 판단해버리기 때문이다.

이러한 사례는 주택가의 노상에서도 쉽게 관찰된다. 집 맞은편에 울타리가 쳐져있는 주차장이 있는 경우 그 울타리는 화분을 진열해 놓는 공간으로 자주 이용된다. 또 주변에 공지나 강이 있는 경우에는 강변을 화단으로 이용하거나 세탁물을 말리는 공간으로 사용하는 사례도 많다. 이와 같이 맞은편에서 영역을 주장하지 않으면 개인의 영역은 맞은편까지 확장되는 경향이 있다. 야간에 폐점한 상점은 영역을 주장하지 않기 때문에 노점상은 그 시간을 적절히 판단해서 점유하고 있는 것이다.

3) 노상에서의 규칙

① 암묵적인 규칙 – 사과하지 않는 일본인

공공공간에는 몇 가지 암묵적인 규칙이 존재한다. 이것은 여러 다른 나라에서도 공통적으로 발견되며, 사회적인 필요성에 의해 자연발생적으로 생겨난 것이다. 예를 들면 노약자에게 자리를 양보하는 행위, 노상에서 부딪혔을 때 사과하는 행위, 가볍게 머리 숙여 인사하는 행위 등이다.

노상에서 다른 사람과 부딪혔을 때 미국과 유럽에서는 사과하는 것이 보통이다. 하지만 일본은 꼭 그렇다고 말하기 힘들다. 피차일반이기 때문에 특별히 사과하지 않아도 된다고 생각하는 것이 일본인의 습성 중 하나이다. 이것은 다른 사람과 시선을 마주치거나 같은 엘리베이터에 탔을 때에도 비슷한 상황으로 전개된다. 일본에서는 모르는 사람과 인사하는 경우가 거의 없지만, 서양에서는 모든 장면에서 서로 인사를 나누곤 한다. 다민족 국가에서의 이러한 행위에는 부딪힌 상대가 누구

인지 잘 모르기 때문에 일단 사과를 해둔다거나 같은 공간에서 타인과 마주할 때 서로의 불안을 빨리 없애기 위해 말을 건다는 민족적 특성이 반영되어 있는 것은 아닐까.

② 일반화된 규칙

최근 공공공간에서 일반화된 규칙이 있다. 바로 휴대폰 사용이다. 과거 휴대폰이 귀했던 시절에는 일부러 큰 소리로 통화하며 휴대폰 소유자임을 과시하는 경우가 종종 있었다. 하지만 그 후 전철에서는 매너모드로 전환해 놓는 것을 기본으로 하며, 전철 내에서의 통화는 가급적 금지되고 있다. 또한 노약자 우선석 주변에서는 전원을 끄도록 권유하는 사례도 나타났다.

다음으로 에스컬레이터의 예를 들 수 있다. 복지환경에 대한 의식이 높아지면서 공공공간에 에스컬레이터를 설치하는 사례가 많아졌다. 여기에서는 급하지 않은 사람은 좌측, 걸어 올라가는 사람은 우측이라는 규칙(일본의 관서지방과 한국, 영국의 경우에는 반대)이 확립되어 있다. 이러한 규칙들은 이를 권유하는 사인이나 방송을 통해서 이루어지고, 이것이 이용자의 기억에 프린트됨과 동시에 암묵적인 규칙으로 형성된다.

③ 줄서는 방식

버스나 택시의 승강장, 백화점, 영화관 등 사람들이 밀집해 있는 공간을 자세히 들여다보면 줄서는 방식에 몇 가지 패턴이 있다는 것을 알 수 있다.

- 산개형

  버스나 전철 등에 충분히 탈 자리가 있다는 것을 알고 있기 때문에 열을 만들 필요가 없는 경우이다. 이 경우에는 승차 순서에 의미가 없고, 사람들은 정류장의 근처에 산개해 있다가 버스나 전철이 도착하면 서두르지 않고 승차한다.

• 일방향 응집형

들어가는 순서가 불명확하다고 판단되는 경우 입구 주변에 응집하는 경향이 있다. 이 경우에는 입구가 열리면 앞 다투어 들어가려고 사람들이 몰리는 모습을 자주 볼 수 있다. 백화점, 엘리베이터, 성인 게임장 등이 그 예에 해당한다.

또한 전철이나 지하철에서도 방송에 의해 신속한 탑승이 종용되기 때문에 문이 닫힌다는 심리적 불안으로 공황상태가 발생하곤 한다. 이러한 종용과 공황행위의 관련성은 피난시의 공황 완화에도 응용될 수 있을 것이다.

• 서열제시형

노선버스나 노면전차, 은행의 자동인출기, 매표소와 같은 장소에서는 각 개인의 요금계산 행위가 이루어지기 때문에 필연적으로 순서의 개념이 생긴다. 다만, 비어있는 공간이 많음을 미리 깨닫고 있는 경우에는 순서의 의미가 없어져 줄은 생성되지 않는다. 요코하마의 차이나타운에는 가게 앞에 의자를 나열하여 손님의 휴식과 간판의 대용으로 활용하고 있는 사례도 있다(그림 4.22).

그림 4.22 손님들이 기다리는 모습을 간판으로 활용하고 있다

줄을 서는 행위는 자신의 몸을 통해 순서를 확보하는 행위이다. 그러나 줄을 서는 행위도 인터넷과 휴대폰 등에 의해 점점 소멸되어 가고 있으며, 이것은 공간계획에까지 영향을 미치고 있다. 동경에 있는 디즈니랜드는 계획 당시 줄 서는 공간과 시간에 초점이 맞춰졌는데, 그 맞은편의 디즈니시 Disney-sea를 계획할 때에는 '기다리는 행위'가 비즈니스의 대상이 되었다.

4) 노상 퍼포먼스

노상에서의 공연을 상업적인 목적에 이용하는 것은 꽤 오랜 역사를 가진다. 에도시대의 바나나 특가판매와 기름장사 등이 그러했고, 최근에는 실제 가수나 배우가 무대에 나와 노래를 하거나 연기를 보여주기도 한다. 또 그 화술과 판매방식에는 고전의 흐름을 지속해온 것도 적지 않다. 그림 4.23은 노상에서 볼 수 있는 퍼포먼스 상업의 하나로 관객으로 위장한 퍼포먼스 진행자가 인형에게 지시를 내리고, 인형은 마치 자신의 의지로 움직이고 있는 것처럼 조종되고 있다.

그림 4.23 움직이는 인형의 판매

뒤에 있는 외국인이 손님인 척하며 인형을 조종하고 있다

퍼포먼스 상업의 특징은 속고 있다는 걸 알면서도 한번쯤은 사서 확인하고 싶다는 심리를 이용하는 것이다. 또한 다른 사람들의 구매에 동화되는 '최면상업'의 성격도 가지고 있다. 사기라고 할 수는 없지만, 그 구조를 알고 있는 사람들은 타인이 걸려드는 것을 보고 쾌감을 느끼기도 한다.

노상 퍼포먼스를 하는 사람들은 대부분 요금상자를 준비하는데, 이 때 손님과의 거리를 좁히기 위해 의도적인 '조작'을 한다. 돈을 내지 않으려는 관객은 일정한 거리를 두고 떨어져 있기 때문에, 손님을 연기에 끌어들임으로써 결국엔 요금을 내도록 한다. 하지만 때로는 연기에 참여했다는 사실이 즐거워 보이기도 한다.

① 퍼포먼스 안의 퍼포먼스

자막 없는 영상을 보면서 크게 고개를 끄덕이고, 큰 소리로 웃고 있는 장면. 이것은 미술관에서 비디오를 보고 있는 군집 속에서 관찰되었다. 이것은 자신은 영어를 할 줄 하고, 지금 이 상황을 즐기고 있다는 사실을 어필하는 모습으로 보인다. 노상에서도 마찬가지로 연주에 맞춰 리듬을 타거나 춤을 추는 사람들을 자주 볼 수 있다. 과연 혼자 감상하고 있을 때에도 같은 행동을 할까.

야구나 축구경기를 보러 갔을 때 혼자인 경우보다 친구와 함께 할 때 더 열정적인 응원을 하게 된다. 실제로 외국인 몇 명이 일본 야구장에서 응원을 하고 있는 모습을 본 적이 있다. 영어로 응원하면서 야유를 보내기도 했는데, 주변 일본인들은 이해하지 못하고 있었을 뿐더러 선수들에게도 명확히 전달되지 않는 상황이었다. 그것은 친구들 사이에서의 행위일 뿐 다른 의미는 없었다. 사람들은 혼자서는 하지 않는 행위를 집단에서는 한다. 이것은 자기 나름대로의 표현방식이라고 생각해도 좋을 것이다.

② 대중의 노상 퍼포먼스

노상은 공공의 공간이다. 그곳을 걷는다는 것은 사람들의 시선에 자신을 드러내는 것이다. 그렇기 때문에 화장도 하고 옷도 잘 차려입게 되는 것이다. 이러한 점에서 보면 대중 전체가 퍼포먼스를 행하고 있다고 말할 수 있다. 또 남자는 여자 앞에서 남자답게, 반대로 여자는 남자 앞에서 여성스럽게, 그리고 가장은 가족 앞에서 그에 걸맞는 행동을 취한다. 우리들은 이렇게 타인을 의식한 기호적(형식에 꼭 들어맞는)·표현적인 행위를 무의식적으로 연기하는 동물인 것이다.

5) 사람들은 왜 번화한 장소를 선택하는 것일까

결론부터 말하자면 사람들과 소통하고, 사람들이 많은 곳에 섞여 어울리고, 사람들을 관찰하러 가는 것이 즐거운 것이다. 사람들이 많은 레스토랑과 한산한 레스토랑을 연상해 보면 쉽게 이해될 것이다. 또 사람들의 시선을 유심히 따라가 보면 그 사람이 어느 정도 주변을 관찰하고 있는지, 어느 정도 관찰되고 있는지를 알 수 있다. 번화한 장소에서는 이러한 관찰이 풍부하다. 그리고 번화한 곳에 갈 때에는 평소보다 신경을 쓰게 되는데, 이것은 자신이 관찰대상이 된다는 사실을 잘 이해하고 있다는 증거이다.

해수욕장의 경우에는 보다 뚜렷하게 나타난다. 아무리 큰 해변이라고 해도 '무리'가 형성되는 지역은 한정되어 있다. 사람들의 집합을 통해서 장소의 질에 대한 정보를 얻는 경우도 있지만, 같은 수준이라면 역시 사람들이 붐비는 곳으로 이끌리게 된다.

① 노상에서의 커뮤니케이션

주택가 주변의 상점에서는 단골손님과 가게주인이 선 채로 대화를 나누는 장면을 자주 목격할 수 있다. 이러한 우연한 관계형성이 발생하는 포인트에는 입지성이 없다고 생각하기 쉬운데, 실제로는 집중적으로 발생하는 포인트가 있다. 본 조사에서는 슈퍼마켓 앞의 입지성이 가장 높았고, 그 다음으로 문구점 앞의 입지성이 높았다. 이것은 빈도의 측면으로 설명할 수 있는데, 문구점과 같은 경우에는 비록 모르는 사이일지라도 아이라는 공통분모를 매개로 하여 대화가 발생하기 때문이다. 또한 상점가에서 떨어진 길모퉁이와 다리 옆 공간도 입지성이 높은 편으로 나타났다. 이 공간들은 상점가에서 집으로 돌아갈 때 서로 작별인사를 나누는 공간으로 이용되기 때문이다(그림 4.24).

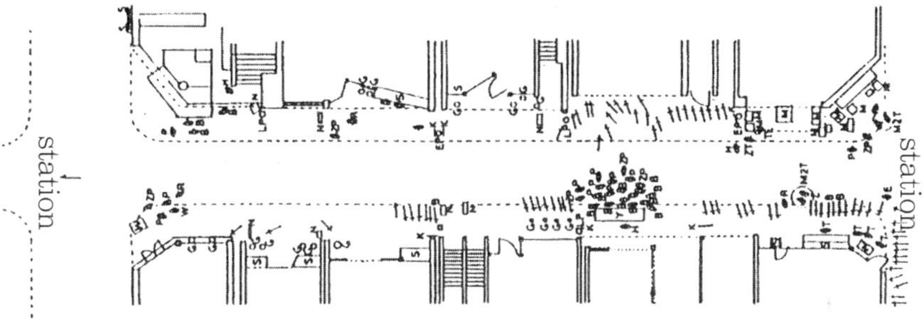

G : 식물
LP: 전등
EP: 전신주
K : 간판
S : 쇼윈도
N : 가게이름
W : 손수레
R : 선반
M : 상품

B : 물건 구매
T : 타인과의 접촉
W : 사람을 기다림
E : 가게 출입
P : 멈춰 섰다가 지나감

F : 중년여성
M : 중년남성
S : 학생
O : 노인
K : 아이

그림 4.24 다양한 커뮤니케이션이 발생하는 장소들

6) 판매를 위한 '속임수'

물건을 파는 사람은 손님의 흥미를 끌고 구매 욕구를 향상시키기 위해서 다양한 행동을 한다. 예를 들면 특이한 복장을 하고 가게 앞에서 춤을 춘다거나, 시식코너를 마련해 둔다거나, 음악을 활용하여 빨리 사지 않으면 안 될 것 같은 분위기를 조성하는 경우를 들 수 있다. 여기에서는 시각, 후각, 청각 등 다양한 인간감각의 활용이 이루어지고 있는 것이다.

백화점과 슈퍼마켓은 이러한 방법을 통해서 소비자의 구매를 재촉하는 '속임수'의 복합체라고 말할 수 있다. 음료수 자판기의 경우 디스플레이된 음료의 수가 실제로 판매되는 음료의 종류보다 많다는 사실을 알고 있는가. 이것은 같은 상품이더라도 그 수를 증가시키면 매출이 올라간다는 사실에 기초한 '속임수'의 좋은 예이다.

판매자가 손님을 선택하는 케이스도 있다. 예를 들면 하드록Hard Rock에 관한 상품만 취급하는 특화된 매장의 경우에는 그 가게가 무엇을 특화하고 있는지, 그곳에서 무엇을 살 수 있는지를 소비자가 스스로 해석해서 선택하게 된다. 하지만 이것은 상품을 특화시킨 판매자에 의해 소비자가 선택되고 있다고도 말할 수 있을 것이다.

■ 상업공간의 특성과 발생학

상업공간은 지속적인 사람들의 이용을 통해서 그 존재가치가 유지된다. 그렇기 때문에 사람들이 모이기 편한 장소나 사람들이 많이 통과하는 장소에서 발생하기 쉽다. 또 이렇게 발생된 상업공간은 새로운 사람들을 불러들이는 힘을 가진다. 조금 더 도시적인 시각으로 상업공간을 파악해 보도록 하자.

1) 공간의 속성과 인종의 속성에 따라 발생행동은 달라진다.

상업공간을 대략적으로 분류해 보면 주택가 역 주변의 일상용품 상점가, 오피스가 밀집해 있는 도심 백화점가, 야간에 활발한 상업활동이 펼쳐지는 환락가, 숙박업소가 밀집해 있는 도로 상점가 등이 있다. 또 주택가를 비롯한 이러한 상점가의 이용자 속성은 크게 이전부터 계속 거주하고 있는 자국인과 다양한 목적으로 일본에 체류하고 있는 외국인으로 나눌 수 있다. 따라서 발생하는 인간행동도 자연스럽게 달라진다. 한쪽에서는 관찰되지 않는 것이 다른 한쪽에서는 빈번히 발생하기도 한다.

다양한 인종이 모여 사는 지역에서는 '타지 사람'을 상대로 하는 상업이 발달한다. 특히 관련대상에 대한 정보가 부족한 외국인을 대상으로 '유인판매(그림 4.25)'와 같은 사기에 가까운 상업행위가 발생하기도 한다.

그림 4.26은 일반적으로는 통행에 방해가 되지 않는 길 가장자리에서나 볼 수 있는 행위이지만, 여기에서는 통행로 한가운데에서 발생하고 있다. 이것은 지나가는 사람들에게 자기 자신의 존재를 어필하는 '퍼포먼스'적 행위라고 정의할 수 있을 것이다. 사람들은 다른 사람들을 관찰하러 외출하는 동시에 자신을 드러내 보이기 위해서 외출하는 것이다.

그림 4.25 노상에서 불법 전화카드를 팔고 있는 외국인

그림 4.26 통행로 중앙에서의 핸드폰 퍼포먼스

같은 공간이라도 시간과 요일에 따라 속성이 변하며, 이는 행동패턴의 변화로 이어진다. 주택가의 상업공간을 예로 들면, 아침에는 출근하는 사람들을 위한 보행공간으로서의 성격이 강해진다. 따라서 간단한 아침식사를 제공하는 커피숍과 신문 등을 파는 매점, 토스트점, 수제 빵가게 등이 오픈한다. 오전 10시가 지나면 남편들을 배웅하고 온 주부들이 분주히 움직이기 때문에 마트들이 일제히 오픈하고, 대체로 저녁 7시 정도까지 영업을 계속한다.

저녁에는 귀가하는 사람들로 거리가 가득 메워지는데, 학생들이나 혼자 사는 사람들을 상대로 한 레스토랑이 붐빈다. 그리고 8시가 지나면 술집들이 하나둘씩 문을 열고, 늦은 시간이 되면 노상에서 잠을 자거나 큰 소리로 싸우는 사람들을 종종 목격하게 된다. 주말에는 남편과 함께 장을 보거나, 쇼핑이 끝난 뒤 아이들과 함께 노상에서 쉬고 있는 장면을 자주 볼 수 있다.

이러한 모습들은 일본 어느 곳에서도 별반 다르지 않다. 이것은 일상의 행동양식에 큰 차이점이 없고, 이에 수반되어 발생하는 상업방식도 전국적으로 공통적 특징이 있음을 나타내는 것이다.

2) 상업공간의 '패션화'

패션화란 양복점이나 레스토랑 등 비일용품 상업의 비율이 올라감과 동시에 타 지역 거주자의 이용비율이 증가하는 상태를 말한다. 패션화는 어느 특정지역에서만 발생하는 경우가 많은데, 이것은 주변의 공간적 구성, 시설구성 또는 지역의 역사성 등이 영향을 미치기 때문이다.

패션화를 유발시키는 가장 중요한 요인 중 하나는 가로의 '미로성'이다. 직선적으로 발달되어 있는 상점가는 패션화되기 어렵다. 동경과 요코하마를 연결하는 전철구간에서 패션화되어 있다고 말할 수 있는 지역은 다이칸야마, 지유가오카, 히요시 등을 들 수 있다. 이 지역들은 가로와 지형의 변화가 다양하고, 가로는 헤매기 쉬운 형태로 구성되어 있다. 이곳을 방문하는 타 지역 사람들은 공간을 탐색하면서 헤매기도 하고, 뜻하지 않은 발견에 즐거워한다. 그리고 재차 그 새로운 발견의 기쁨을 만끽하기 위해서 몇 번이고 방문하는 것이다.

'길을 헤매는 행위'는 그 다음에 진행할 길을 선뜻 결정하지 못하는 경우와 목적지는 정해져 있지만 쉽게 그 길이 찾아지지 않는 경우로 나눌 수 있다. 이러한 행위는 패션화되지 않은 직선형 상업공간에서는 거의 관찰되지 않는다. 즉 인간의 '모험을 좋아하는 속성'이 공간의 속성을 만들고 있는 것이다.

상업공간에서의 인간행태는 시대의 흐름과 함께 크게 변화되어 왔다. 에도시대에는 어떠했을까. 지금은 휴대폰을 예로 들 수 있지만, 어느 시대에는 선글라스와 담배가 퍼포먼스의 '소도구'로 이용되었다. 이렇듯 그 '소도구'들도 함께 변화되어 왔다. 하지만 사람들 안에 섞여 고독을 달래고, 새로운 관계를 형성하고, 온갖 퍼포먼스가 활발하게 펼쳐지는 장 場이었다는 사실은 그 어느 시대의 상업공간에서도 변함이 없다.

와타나베 오사무(渡辺 治)

4 아이들의 놀이환경과 거주환경

최근 저출산 문제가 심화됨에 따라서 이에 대응할 수 있는 지역 거주환경 및 육아환경 만들기에 대한 관심이 고조되고 있다. 특히 아이들의 성장환경에 있어서 지역사회의 역할이 무엇보다 강조되면서 해당 지자체마다 다양한 대책을 강구하고 있다.

아이들은 성장해 가면서 자신들이 살고 있는 지역 전체를 놀이대상으로 삼아 그 속에서 저마다의 특성을 살린 놀이환경을 구축한다. 여기에서는 아이들이 환경과 관계를 형성해가는 방식에 초점을 맞춰서 기성시가지와 계획단지의 환경적 특성을 비교하고자 한다.

네즈 根津의 지역적 특성

1) 지역 개요

네즈는 홍고 本郷와 우에노 上野 사이에 위치해 있으며, 에도시대부터 신사 · 사찰을 중심으로 시가지화 된 지역이다. 또 메이지시대 이후에는 주거 · 상업지역으로도 번영을 누렸는데, 지금도 당시의 모습이 많이 남아있는 고밀도 저층 목조주택지이다. 최근에 지역을 남북으로 가로지르는 시노바즈 不忍길에 고층 아파트가 들어서면서부터 서서히 그 모습이 변모해 가고 있다(그림 4.27).

네즈 지역의 초등학교는 개축 시 지역시설로서의 역할을 충실히 하기 위해 보육시설, 고령자시설, 도서코너 등이 복합화 되어 있다. 또 아이들은 골목길과 네즈신사, 학교 교정 이외에도 인접한 동경대학과 우에노 일대로 그 행동영역을 확장시키고 있다.

그림 4.27 네즈의 골목

2) 놀이공간

초등학교 저학년 학생들은 자동차로부터 안전한 장소를 놀이의 장場으로 이용하는 경향이 있다. 집 앞이나 골목에서는 도구를 이용한 놀이(줄넘기, 배드민턴 등)와 캐치볼을 하고 있는 장면을 자주 볼 수 있고, 공원과 놀이터에서는 놀이기구(그네, 미끄럼틀 등)를 주로 사용한다. 또 어린이를 위한 놀이공간의 명칭은 주로 동네이름에서 유래되는데, 일반적으로는 그 장소에서 가장 특징이 강한 놀이기구의 형상이나 디자인 모티브가 되었던 동물의 이름으로 불리는 경우가 많다. 예를 들면, 거북이 모양의 모래사장이 있는 어린이 공원이 '거북이 공원'이라고 불리는 것과 같은 경우이다(그림 4.28).

그림 4.28 거북이 공원

고학년 학생들의 경우에는 인근의 동경대학과 우에노 일대까지 그 놀이영역을 넓히고 있고, 근처의 건물, 소규모 어린이 공원, 신사의 내부공간, 주차장 등 다양한 오픈 스페이스를 활용하여 놀이환경을 구축하고 있다. 즉 그물망 같은 세밀한 골목길에 각각의 거점을 마련하여 면적인 네트워크를 형성해 가고 있는 것이다.

3) 놀이행동

저학년 학생들의 놀이는 도구놀이, 공놀이, 놀이기구놀이, 이동놀이(롤러스케이트, 한발 자전거 등)가 중심이 되고, 소수의 인원으로 할 수 있는 놀이행동이 주류를 이룬다. 또 학년이 높아질수록 스포츠놀이(야구, 축구 등)와 장소의 물리적인 특성을 활용한 놀이가 많아지게 된다. 고학년이 되면 대화 자체도 놀이행동의 범주에 속하게 되는데, 구체적인 행위에 대화를 통한 만족감이 더해져 친구와 공유하는 시간을 더없이 즐기게 된다.

■ 히카리가오카 光が丘 파크타운의 지역적 특성

1) 지역 개요

히카리가오카 파크타운은 21세기 모델도시를 표방한 뉴타운으로 동경 주택도시정비공단과 주택공급공사에 의해 사업이 진행되었다. 총 부지면적은 약 186ha, 총 주택호수는 12,000호이다.

본래 무밭이었던 이 부지는 전쟁 시 육군 비행장으로 사용되었고, 전후에는 미군 가족을 위한 주택(그랜드 하이츠)으로 사용될 예정이었다. 하지만 1960년대 후반부터 반환 교섭이 진행되어 1973년 미군으로부터 전면 반환받았다. 이후 지역 내 공원 확보에 대한 주민들의 요구가 받아들여져 1977년 동경도립 히카리가오카 공원이 완성되었다. 1979년에는 히카리가오카 공원을 중심으로 새로운 도시계획이 진행되었는데, 주된 토지이용은 주택 44%, 공원 33%, 도로 11%, 학교 12%이었다. 1981년 주택건설을 시작으로 1983년에 입주 개시, 1991년 지하철 일부를 개통하고 같은 해에 히카리가오카역이 완공됨으로써 히카리가오카 파크타운이 완성되게 되었다(그림 4.29).

그림 4.29 히카리가오카 파크타운

2) 놀이공간

계획된 보행로에 의해 안전성이 확보되기 때문에 아이들의 행동영역은 어릴 때부터 광역적이지만, 차도 건너편의 주거지역까지는 확대되기 어려워 영역규모에 있어서는 학년차가 거의 나타나지 않는다. 또 주동 주변과 가까운 공원 등 어느 정도 한정된 영역 안에서 상황에 맞는 놀이공간의 선택이 이루어지고, 특정한 놀이행동이 가능한 장소에 집중하는 경향이 있다.

히카리가오카 공원은 휴일에 가족과 함께 가는 경우가 많아서 변해가는 라이프스타일의 하나로 정착되고 있다. 고학년 남학생과 같은 경우에는 휴일에 캐치볼이나 배드민턴 등을 통해 아버지와의 커뮤니케이션을 유지하고 있었고, 평일에는 친구들과 공원 내의 비밀장소에 모여 그들만의 시간을 보내고 있었다.

3) 놀이행동

아이들은 저학년 때부터 기본적인 놀이방식에 게임성을 추가하여 놀이기구의 특성을 다양하게 활용한다(그림 4.30). 고학년이 되면서부터는 조금 더 세련된 놀이에 집중하게 되고, 성별에 따라 놀이행동에도 큰 차이를 보인다. 남학생들은 야구, 축구 등 구기 종목의 팀 대항을 즐기는 반면 여학생들은 롤러스케이트나 술래잡기로 친구들과의 일체감을 즐긴다.

그림 4.30 게임성이 추가된 놀이기구의 활용

놀이공간을 구성하는 환경요소

기성시가지와 계획단지는 거주환경의 구조와 경관 등이 크게 다르지만, 놀이행동에 있어서 아이들의 성향은 대부분 비슷하다. 이것은 아이들이 그 공간에 숨겨져 있는 '놀이자원'들을 잘 끄집어내서 각각의 거주환경에 적절히 적응시키고 있기 때문이다. 특히 저학년의 놀이환경은 자동차에 대한 물리적 안전성과 어른들로부터 시각적으로 보호받고 있다는 심리적 안정감, 이 두 가지 요소에 의해 성립된다.

1) 물리적 요소

① 안전성

안전성은 아이를 보호해야 할 의무를 가진 부모 입장에서도 중요한 자원이며, 어른으로부터 독립하기 시작한 아이들에게 있어서도 놀이환경을 지지해주는 중요한 요소이다. 히카리가오카 파크타운에서의 보차분리는 지역 전체의 안전성을 유지시키고 있을 뿐만 아니라, 아이들의 적절한 놀이환경 구축에도 그 기능을 다하고 있다. 계획된 보행로는 곳곳에 설치된 공원 등의 놀이공간을 간결하게 연결하고 있고, 동시에 놀이환경 구조를 단순화시키는 역할을 한다. 이에 반해 네즈根津 지역은 차량통행이 거의 없는 골목공간만이 놀이공간으로서 기능을 하고 있다.

② 놀이행동의 재구성

아이들에게 자주성이 생기면 적극적으로 장 場과 관계를 맺으려는 행동이 발생한다. 계획단지에서는 다양하게 설치된 특수한 장들을 활용함으로써 환경의 재구성이 일어나기 쉽고, 놀이기구에 게임성을 더해서 술래잡기 놀이 등을 재창작하곤 한다. 또한 보도의 마감재료 및 디자인, 차량통행 금지표시, 난간, 화단 등 놀이와 관계없는 주변 환경을 교묘히 놀이 안으로 끌어들인다(그림 4.31).

그림 4.31 주동 앞에 설치된 볼라드

③ 장 場의 선정

놀이행동에 적합한 장소를 선택하는 것은 공간의 능숙한 사용으로 이어진다. 즉 평면의 형상 · 자연물 · 인공 설치물을 적절히 활용하고, 공간들을 입체적으로 파악하며, 볼륨을 고려한다. 예를 들면 야구의 다이아몬드형 베이스를 자연물로 대체한다거나(그림 4.32) 주변 인공물을 축구골대로 활용하는 경우이다(그림 4.33). 기성시가지에서는 지면에 직접 도안을 그려 필드로 사용하지만, 계획단지에서는 바닥포장의 디자인과 모든 완성된 장의 특성을 조합하여 놀이공간을 형성한다(그림 4.34).

그림 4.32 네즈신사에서의 야구

그림 4.33 주동 앞 광장에서의 축구

그림 4.34 주동 앞에서의 게임

④ 다양한 놀이행동의 전개

목적의식이 분명하지 않아도 그곳에 가면 어느 정도의 시간은 즐겁게 보낼 수 있다고 생각되는 공간이 있다. 다양한 놀이행동의 전개가 있는 장소는 접근성 및 활용도가 높고, 아이들의 장場으로서 놀이환경의 편안함을 제공한다. 현재는 다양한 형태의 놀이기구와 넓은 필드가 균형 있게 배치되어 있고, 공작 · 독서와 같이 정적인 행동으로도 전개 가능한 아동관이 그 기능을 다하고 있다.

2) 심리적 요소

① 안도감

안도감이라는 것은 지역사회와 어른들의 보호를 통해 아이들이 인지하고 있는 심리적인 요소이며, 아이들을 둘러싼 커뮤니티 구조에 영향을 받는다.

네즈의 커뮤니티는 자택 주변을 중심으로 전체적으로 연결된 구조를 가지기 때문에 아이의 영역과 거의 일치하고, 넓은 범위까지 안도감을 확보할 수 있다. 오랜 시간에 걸쳐서 형성된 골목 단위와 마을모임 단위의 지역구조도 아이들에게 안도감을 주고 있다. 또 말을 건네는 어른들이 많고 상점에서의 사회적 접촉이 많은 것도 하나의 특징이다.

반면에 히카리가오카 파크타운의 커뮤니티는 자택 · 주동 · 주구 · 학구 · 히카리가오카 파크타운 전체로 이어지는 다층구조이지만, 실제로는 그 일부만이 커뮤니티로서 기능을 하고 있다. 즉 아이의 영역 중에는 익명성이 높은 공공공간도 포함되어 있다. 이러한 공간은 장 場을 형성하는 요소 중 안도감은 결여되고 안정성에만 치우치는 결과를 낳게 된다.

② 심리적 정위 定位

정위하기 쉬운 장소는 공원 · 광장과 같이 공공성이 높은 장소와 자신이 그곳에 정위하는 것을 객관적으로 설명할 수 있는 장소이다.

네즈 지역에서는 공공공간뿐만 아니라 안도감을 느낄 수 있는 장소들이 면해 있는 도로변에 정위하는 경향이 강하다. 예를 들면 과자가게 앞, 초등학교 교문 앞, 어린이 놀이공원 앞 등이 있는데, 이것은 지역 전체가 아이들의 장소로 인식되고 있음을 보여주는 예이다(그림 4.35).

그림 4.35 과자가게 앞

그림 4.36 학교 아동클럽 앞 광장

히카리가오카 파크타운에서는 자동차로부터 안전한 장소를 놀이공간으로 선택하는 경우가 많다. 또한 주동 주변, 단지 내의 친구 집, 학교 아동클럽 앞 등과 같이 자신과 관련이 있는 공간들에 정위하는 경향이 강하다(그림 4.36).

③ 친구그룹과 지역의 관계성

아이들은 자신의 상像에 대한 안도감을 얻고, 타인의 존재를 인식해가면서 타인과의 관계를 다양한 방식으로 컨트롤하기 시작한다.

네즈 根津에서는 과자가게 앞이나 어린이 공원 등 주변사람들의 왕래를 의식하는 장소에 모이는 경우가 많고, 이 때 지역을 향해 자신들의

그림 4.37 과자가게 앞

그림 4.38 히카리가오카 공원

존재를 어필하는 행동환경이 형성된다(그림 4.37). 이와 반대로 비밀아지트와 같이 사람들의 눈에 잘 띄지 않는 장소를 선택하는 경우가 있다. 히카리가오카 공원에서는 친한 친구들과 그룹을 지어 나무 밑과 같은 '숨은 공간'에 체재장소를 마련하곤 한다(그림 4.38). 언뜻 봐서는 잘 알 수 없는 공간이 아이들에게 있어서는 정말 매력적인 공간이 되는 것이다.

일개의 장場을 선택하는 것뿐만 아니라 자전거로 지역을 돌아다니면서 다른 차원의 공간을 형성하는 방법도 있고, 도시생활에 기본이라고 말할 수 있는 '익명성 확보'를 위해 지역을 벗어나는 방법도 있다.

네즈 지역의 고학년 학생들은 자주 우에노上野 일대에서 모이곤 하는데, 이것은 수많은 사람들 속에 익명적으로 존재함으로써 타인과의 관계를 '개인 vs 개인'의 대등한 관계로 형성하고, '아이'로서의 자립을 확보하는 방법이다. 즉 주변 사람들로부터 본 아이의 상像과 자신의 지역을 벗어난 아이의 상을 복합적으로 사용함으로써 주체적으로 지역에서의 놀이환경을 구축하는 것이다.

■ 놀이환경을 지원하기 위한 공간계획

아이들의 놀이환경은 기본적으로 다음 3가지 공간요소에 의해 성립된다. 첫째, 지역에서 아이들의 장소라고 인식하고 있는 거점이 되는 장소. 둘째 아이들의 다양한 행동전개를 지원하고, 게임성을 추가하여 즐길 수 있는 자원들이 잠재되어 있는 장소. 셋째, 각각의 놀이공간을 안전하게 연결하는 이동공간. 거주환경의 성질은 이러한 물리적 안전성과 심리적 안도감을 토대로 한 장場의 성격을 통해 파악할 수 있다.

기성시가지는 안전성을 확보하기가 힘들지만, 오랜 시간 동안 꾸준히 쌓여온 지역사회로의 귀속의식과 안도감을 유지할 수 있고, 상호보완적인 놀이환경 구축이 가능하다. 또한 지역으로부터의 자립을 통해서 다양한 방법으로 주변의 사회적 환경과 개인을 컨트롤할 수 있다.

계획단지는 우선 보차분리를 통해서 기본적인 안정성을 확보하고 있는 거주환경 구조이다. 이러한 환경은 아이들을 둘러싼 근린사회가 다층적이기 때문에 아이들의 입장에서 환경을 바라보는 것이 어렵고, 귀속의식 또한 애매하다. 따라서 가족과의 놀이가 아이의 안도감 확보에 있어 중요한 요소가 된다. 그리고 익명성이 높은 공간과 일상적으로 접해있기 때문에 자신을 둘러싸고 있는 사회보다는 개인에 대한 관심이 높아진다. 이러한 관계형성의 한계로 인하여 타인과의 관계를 컨트롤하는 것보다는 자신들의 장을 형성하는데 주력하게 된다.

거주환경은 변해가는 것이다. 특히 기성시가지와 같은 경우에는 도로확장, 공지화, 신축건물 공사 등으로 항상 환경적인 변화를 겪고 있다. 조사시점으로부터 십여 년이 지난 네즈根津 지역도 고층아파트와 상가들로 그 모습이 많이 변했고, 초등학교 앞의 환경도 완전히 달라져 있었다(그림 4.39, 그림 4.40).

초등학교 바로 앞에 있던 어린이 공원에는 보육원이 병설된 아파트가 들어서 있었고, 공원은 단지 옆 골목으로 이전하여 새로운 거북이 공원으로 거듭나 있었다. 거북이 공원에는 예전 거북이 형상을 한 모래사장이 그대로 옮겨져 있었을 뿐만 아니라 거북이 공원을 소중하게 생각하는 어른들의 메시지가 게시되어 있었다. 비록 놀이내용과 놀이환경에 있어서 기능적인 면은 변화되었지만, 어른들에게 보호받고 있다는 안도감은 오히려 강화되어 있었다.

그림 4.39 현재의 네즈 초등학교

그림 4.40 현재의 거북이 공원

아이들의 놀이환경으로서 중요한 거점 기능을 하고 있던 어린이 공원이 지역 어른들에 의해 보호되고 유지되고 있는 현상은 이후의 아이들을 위한 지역환경 만들기에 있어서 중요한 실마리가 될 것이다.

이치오카 아야코(市岡 綾子)

1장 참고문헌 · 주

1) ジェイコブス, J.：アメリカ大都市の死と生 (1961) (黒川紀章訳, 鹿島出版会, 1969)

2) ラング, J：建築理論の創造, 鹿島出版会 (1992)

3) 西田 徹, 高橋鷹志, 鈴木 毅：根津の地域研究 その1, イメージによる地域構造分析, 日本建築学会学術講演梗概集, pp.67−68 (1992)

4) 高橋鷹志＋場所研究会：住居における行動場面に関する研究－人の居方から住居の公的空間を考察する, 住宅総合研究財団研究年報 (1991)

5) 鈴木 毅：人の居方からの環境デザイン 1, 都市のオープンスペースの居方, 建築技術, 第517号, pp.204−207 (1993)

6) 鈴木 毅：人の '居方'からみる環境, 現代思想, 22(13), pp.188−197 (1994)

7) 鈴木 毅：場面から環境の質を読む－人の'居方'からの環境デザインを目指して, 建築雑誌, 第110集, 第1367号, pp.48−49 (1995)

8) Suzuki Takeshi：Mode of Being in Places：A Case Study in Urban Public Space, in Wapner, S., Demick, J., Yamamoto, t., Takahashi, T. eds. 'Handbook of Japan−United States Environment−Behavior Research：Towards a Transactional Approach', Plenum Press, 113−129 (1997)

9) ゲール, J.：屋外空間の生活とデザイン, 鹿島出版会 (1990)

10) 王 青, 横山ゆりか, 鈴木 毅, 高橋鷹志：天津市の単元式住宅における住様式に関する研究－中国都市住宅における住様式の研究 その1, 日本建築学会計画系論文集, 第479号, pp.77−85 (1996)

11) 佐伯 胖 監修：LISPで学ぶ認知心理学 1, 東京大学出版会 (1981)

12) 佐伯 胖：'学ぶ'ということの意味, 岩波書店 (1995)

13) レイブ, ジーン：日常生活の認知行動, 新曜社 (1995)

14) 野田正彰：漂白だれる子供たち：その目に映った都市へ, 情報センター出版局 (1988)

15) 木下 勇：遊びと街のエコロジー, 丸善 (1996)

16) 橘 弘志, 鈴木 毅, 篠崎正彦：生活の場と都市コミュニティー多様な関係を支える都市の仕掛け, すまいろん, 第37号, pp.31−37 (1996)

17) 鈴木 毅＋岩佐明彦：東京1995 (特集 住居の現代形) 10＋1, No.5, INAX出版, pp.105−129 (1996)

18) LANDSCAPE EXPLORER：マゾヒスティック・ランドスケープ，学芸出版社(2006)
19) 鈴木 毅＋伏谷聖子：室名の変遷に見る現代住宅の課題，住宅特集(2000.1)
20) 青木 淳：原っぽと遊園地，王国社(2004)
21) 槙 文彦：記憶の形象，筑摩書房(1992)
22) ヘルツベルハー，H.：都市と建築のパブリックスペース，鹿島出版会(1995)
23) 山崎正和：社交する人間，中央公論新社(2003)
24) 鈴木 毅：人間環境系のモデル・対象・メディア(日本建築学会大会研究懇談会資料 '人間環境系の計画理論の捉え方'，pp.51−56(1991)．'人間環境系のデザイン'，彰国社(1997)
25) 鈴木 毅：建築計画は変わらない．そして変わり続ける，建築ジャーナル，第864号，pp.32−33(1995)
26) 舟橋国男編：建築計画読本，大阪大学出版会(2004)

2장 참고문헌·주

1) 中国建築技術発展研究中心・JICA：'中国都市小康住宅研究報告集'(1993)
2) 蘭陸笑笑生：'金瓶梅詞話'(1993)
3) 王 青：1992年度東京大学学位論文，'集合住宅における住形式・住様式の伝統と変容に関する研究－中国北方事例に基づいた比較考察'
4) 王 青，横山ゆりか，鈴木 毅，高橋鷹志：'天津市の単元式住宅における住様式に関する研究－中国都市住宅における住様式の研究 その1'，日本建築学会計画系論文集，第479号，pp.77−85(1996)
5) Lang, Jon：Creation Architectual Theory. The Role of Behavioral Sciences in Environment Design：Van Nostrand Reinhold Company Inc. (1987) [高橋鷹志監訳，今井ゆかり訳：建築理論の創造 環境デザインにおける行動科学の役割，鹿島出版会(1992)]
6) 山本多喜二：人生移行の発達心理学 第一章 人生移行とは何か [山本多喜二，S. ワップナー編者：人生移行の発達心理学，北大路書房(1995)]

7) 大原一興：高齢者住居施設におけるパーソナライゼーション：日本建築学会編 人間環境系のデザイン, 彰国社, pp.128-145 (1997)

8) Toyama, Tadashi : Identity and milieu, The Royal Institude of Technology Stockholm, sweden (1998)

9) Csikszentmihalyi, Mihaly & Rochberg-Halton, Eugene : Meaning of the Things, Cambridge Univ. Press (1981)

10) Arendt, H : The human condition, University of Chicago Press (1958) [志水速雄訳：人間の条件, 筑摩書房 (1994), (中央公論社 1973)]

11) Koga Tosie, Yokoyama Yurika, Toyama tadashi, Takahasi Takashi and tachibana Hiroshi : Environmental Quality of Private Room and Resident's Possessions in a Japanese Nursing Home : Toward a New Viewpoint for Environmental assessment of Nursing Homes, in the proseedings of the 5th International Symposium for Environment-behavior Studies : Culture, Space and Quality of Life in Urban environment, (EBRA 2002), pp.621-631 (2002)

12) 古賀紀江, 外山 義：特別養護老人ホームの危機的移行と環境形成の関わりに関する研究, 日本建築学会大会学術講演梗概集, pp.995-995 (1998)

13) Karz, Sidney et al, : Studies of Illness in the Aged. The Index of AD L : A Standardized Measure of Biological and Psychosocial Function, JAMA, 185, 914-919 (1963)

14) Goffman, Erving : Frame Analysis. An Essay on the Organization of Experience, Harper & Row (1974)

15) Barger, Eugene : A System for Rating the Severity of Senility, Journal of the American Geriatrics Society, 28-5 (1980)

16) Abrams, Charles : Housing in the Modern World, Faber (1966)

17) Turner, John F. and Ficher, Robert : Freedom to Build, The Macmillan Company (1972)

18) Turner, John F. : Housing by People, panteon Books (1976)

3장 참고문헌 · 주

1) 柳澤 要：小学校オープンスペースにおける児童の行動領域形成について，日本建築学会計画系論文集，第424号 (1991)
2) 柳澤 要：小学校における物理的環境と児童の相互作用に関する考察，日本建築学会計画系論文集，第435号 (1992)
3) 柳澤 要，高橋鷹志：児童の空間デザインに見る学校環境に対するイメージに関する研究，日本建築学会計画系論文集，第436号 (1992)
4) 上野 淳，田辺芳生，柳澤 要：SDS / 学校，新日本法規出版 (1995)
5) 高 商均，伊藤俊介，長澤 泰，山下哲郎：患者の意識や行動の経日変化に見る入院環境のあり方について－Hospital Geographyに関する研究，日本建築学会計画系論文集，第483号，日本建築学会，pp.121－128 (1996)
6) 波平恵美子：病気と治療の文化人類学，海鳴社 (1984)
7) Westim, A. F.：Privacy and Freedom, The Bodley Head, London (1967)
8) ロフタス，G. R.，ロフタス，E. F. 著，大村彰道訳：二元の記憶－認知心理学入門，東京大学出版会 (1980)
9) 野田章子，長澤 泰，山下哲郎：病床まわりでの物の収納・置かれ方に関する建築計画考察，病理管理，日本病理管理学会，31(4)，pp.5－12，pp.321 (1994)

4장 참고문헌 · 주

1) 岡田光正：施設利用の情報理論的考察，日本建築学会学術講演梗概集，1968
2) 中鉢令児：高齢化社会における生活圏に関する基礎的研究，日本建築学会学術講演梗概集，1987
3) 小滝一正，大原一興：地域老人施設の現状と課題，日本建築学会建築計画部門協議会資料，1984
4) 田中直人他：新旧市街地居住者の日常買物行動，日本建築学会学術講演梗概集，1987

5) 福田成二, 高橋 恒：空間の地域的性格に関する研究, 日本建築学会学術講演梗概集, 1990
6) 橘 弘志, 高橋鷹志：地域に展開する高齢者の行動環境に関する研究 － 大規模団地と既成市街地におけるケーススタディー, 日本建築学会計画系論文集497号, pp.89－95(1997)
7) 橘 弘志：まちに住もう, '身体から発達を問う－衣食住のナカのからだとこころ', 新曜社(2003)
8) 橘 弘志, 鈴木 毅, 篠崎正彦：生活の場と都市コミュニティ － 多様な関係を支える都市の仕掛け, すまいろん1996冬号, (財)住宅総合研究財団, pp.31－37(1996)
9) Jacobs, J：The Dead and Life of Great American Cities, 1961
[黒川紀章訳：アメリカ大都市の死と生, 鹿島出版会(1969)]
10) 佐伯 胖：'学ぶ'ということの意味, 岩波書店(1995)
11) Reed, E. S.：Encountering the World：Toward an Ecological Psychology (1996)
(細田直哉訳：アフォーダンスの心理学－生態心理学への道, 新曜社, 2000)
12) 鈴木 毅：人の居方からの環境デザイン, 建築技術, 1993.07~1995.12
13) Goldfeld, Abraham：Toward Fuller Living Through Public Housing and Leisure Time Activities, New York(1934)
14) Appleyard, D. and Lintell, M.：The Environmental Quality of City Streets, Journal of the American Institute of Planners, JAIP, 38(2), (1972)
15) Stanford, Anderson：on Streets, MIT Press(1986)
16) Raymond, Curran J：Architecture Urban Experience, Van Nostrand Reinhold Company, Inc.(1983)
17) Jan, Gehl：Life Between Buildings, Using Public Apace, Van Nostrand Reinhold Company(1980)
18) Fritz, Steele：The Sense of Place, CBI Publishing Company, Inc.(1981)
19) Anne, Moudon Bernes：Public Steets for Public Use, Van Nostrand Reinhold Company(1987)

찾아보기

편집자
高橋鷹志(Takahashi Takashi)　東京大学名誉教授
長澤　泰(Nagasawa Yasushi)　工学院大学建築学科・教授, 東京大学名誉教授
西出和彦(Nishide Kazuhiko)　東京大学大学院工学系研究科建築学専攻・教授(1巻担当)
鈴木　毅(Suzuki Takeshi)　大阪大学院工学研究科地球総合工学専攻・准教授(2巻担当)
西村伸也(Nishimura Shinya)　新潟大学工学部建設学科建築学コース・教授(3巻担当)

집필자
鈴木　毅(Suzuki Takeshi)　大阪大学院工学研究科地球総合工学専攻・准教授
王　青(Wang Qing)　元東京大学高橋鷹志研究室
古賀紀江(Koga Toshie)　前橋工科大学工学部建築学科・准教授
大月敏雄(Otsuki Toshio)　東京理科大学工学部建築学科・准教授
柳澤　要(Yanagisawa Kaname)　千葉大学大学院工学研究科建築・都市科学専攻・准教授
山下哲郎(Yamashita Tetsuro)　名古屋大学大学院工学研究科施設計画推進室・准教授
狩野　徹(Kano Toru)　岩手県立大学社会福祉学部福祉臨床学科・教授
橘弘　志(Tachibana Hiroshi)　実践女子大学生活科学部生活環境学科・准教授
渡辺　治(Watanabe Osamu)　渡辺治建築都市設計事務所・代表
市岡綾子(Ichioka Ayako)　日本大学工学部建築学科・講師

건축도시환경과 인간행태

감수/ 박영기
1985년 연세대학교 대학원 건축공학과 졸업(공학박사)
2002. 2~ 한국 해비타트 서울지회 이사
2006. 4~ 한국환경건축연구원 부원장
현재/ 연세대학교 건축공학과 교수

역자/ 이정남
2006년 연세대학교 대학원 건축공학과 졸업(공학석사)
2007년 일본 문부과학성 국비장학생
현재/ 일본 동경대학교 대학원 건축학과 박사과정

2009년 3월 25일 1판 1쇄 인쇄
2009년 3월 30일 1판 1쇄 발행

편 저	타카하시 타카시 나가사와 야스시 스즈키 타케시
역 자	이 정 남
발 행 인	강 해 작
발 행 처	기 문 당
주 소	서울시 성동구 공명길 39 (하왕십리동 966-22)
전 화	02) 2295-6171(代)~5
팩 스	02) 2296-8188
출판등록	1976. 10. 7 (1-44)
홈페이지	http : // 기문당 http : // www.kimoondang.com
I S B N	978-89-6225-117-3 93540
정 가	12,000원